Evelyn Cepeda

Sistema de gestión de calidad y la productividad textil

AF536948

Evelyn Cepeda

Sistema de gestión de calidad y la productividad textil

Sistema de gestión de calidad y su impacto en la productividad del sector textil

Editorial Académica Española

Imprint

Any brand names and product names mentioned in this book are subject to trademark, brand or patent protection and are trademarks or registered trademarks of their respective holders. The use of brand names, product names, common names, trade names, product descriptions etc. even without a particular marking in this work is in no way to be construed to mean that such names may be regarded as unrestricted in respect of trademark and brand protection legislation and could thus be used by anyone.

Cover image: www.ingimage.com

Publisher:
Editorial Académica Española
is a trademark of
International Book Market Service Ltd., member of OmniScriptum Publishing Group
17 Meldrum Street, Beau Bassin 71504, Mauritius

Printed at: see last page
ISBN: 978-620-0-39727-0

Copyright © Evelyn Cepeda
Copyright © 2020 International Book Market Service Ltd., member of OmniScriptum Publishing Group

Agradecimiento

Agradezco a Dios por cada persona que en la trayectoria de este logro me ha acompañado.

A mis queridos docentes, quienes con más de una palabra han sabido brindarme la guía que en muchas ocasiones necesite, es infinita mi gratitud hacia con ustedes.

A mi familia por ser el pilar para seguir adelante.

A mis queridos amigos que me apoyaron.

A mi tutora, Ingeniera Eufemia Ramos a quien agradezco por su tiempo y apoyo.

Evelyn

Dedicatoria

El presente trabajo está dedicado a Dios y a mi familia: Magdalena, José, Victoria, Pepe, Ailyn y Jeremy; quienes han venido a ser la luz de cada día para mi desempeño a lo largo de mi vida. Pero en especial para mi madre quien con su fortaleza ha hecho que nunca me dé por vencida.

A mis amigos y amigas que también forman parte de mi familia y son quienes con un abrazo me apoyan cuando más lo necesito.

Evelyn Lizeth Cepeda Cahuatijo

Índice General

Contenido **Pág.**

Agradecimiento v
Dedicatoria vi
Índice General vii
Índice de Figuras x
Índice de Tablas xi
Índice de Anexos xi
Resumen Ejecutivo xi
Abstract xiii
1. DEFINICIÓN DEL PROBLEMA DE LA INVESTIGACIÓN 1
1.1 Tema 1
1.2 Planteamiento del problema 1
1.2.1 Contextualización. 1
1.2.2 Análisis Crítico 4
2. OBJETIVOS DE LA INVESTIGACIÓN 4
2.1 Objetivo general 4
2.2 Objetivos específicos 4
3. FUNDAMENTACIÓN TEÓRICA (Estado del arte). 5
3.1 GESTIÓN DE LA CALIDAD 5
3.1.1 Sistema de Gestión de Calidad 6
3.1.2 Gestión por procesos 8
3.1.3 Normas ISO 8
3.1.3.1 Clasificación de las normas 9
3.1.4 Principios de calidad. 10
3.1.5 Beneficios de los sistemas de gestión de calidad 14

3.1.6 Barreras para la implementación de los sistemas de gestión de calidad.... 15
3.1.7 Mejora Continua 15
3.1.8 Servicio al cliente.......... 16
3.1.9 Servicio postventa.......... 16
3.2 PRODUCTIVIDAD 17
3.2.1 Administración de la producción 17
3.2.2 Sistema de producción 18
3.2.3 Producción 19
3.2.4 Productividad 20
3.2.5 Mejorar la productividad 22
3.2.6 Factores que incurren en la productividad. 22
3.2.6.2 Factores externos que incurren en la productividad. 23
3.2.7 Indicadores 24
3.2.7.1 Indicadores de gestión 24
3.2.7.2 Indicadores financieros 25
3.2.7.3 Indicadores de productividad 25
3.2.8 Eficiencia 27
3.2.9 Eficacia 27
3.2.10 Efectividad 28
4. METODOLOGÍA 29
4.1 Población 30
4.3 Validación del instrumento de recolección de información. 35
4.4 Procesamiento de la información.......... 36
5. RESULTADOS 38
5.1 Pregunta 1. Sistema de gestión de calidad en las empresas 38
5.2 Pregunta 2. Estándares de calidad en las empresas. 40
5.3 Pregunta 3. Incremento de productividad por uso de estándares de calidad en las empresas 42
5.4 Pregunta 4. Impacto del sistema de gestión de calidad en las empresas 44
5.10 Pregunta 5. Barreras de Implementación de un sistema de gestión de calidad en las empresas 47
5.11 Pregunta 6. Factores que representan problemas a la productividad empresarial. 50
5.12 Pregunta 7. Aspectos influyentes en la productividad en las empresas...... 53
5.13 Pregunta 8. Métodos de control en las empresas 55

5.14 Pregunta 12. Importancia del sistema de gestión de calidad y la productividad en las empresas 57

5.15 Pregunta 13. Relación del sistema de gestión de calidad y la productividad en las empresas 59

5.16 Preguntas 9, 10,11. Cálculos 61

5.17 Relación entre las variables 62

Correlaciones: 65

6. CONCLUSIONES 67

7. RECOMENDACIONES 68

8. BIBLIOGRAFÍA 69

ANEXOS 76

Índice de Figuras

Figura 1: Modelo del SGC - ISO 9001:2015 8

Figura 2: Evolución Normas ISO 9001 10

Figura 3: Productividad 21

Figura 4: Efectividad 28

Figura 5: Concentración de actividad textil en Tungurahua 31

Figura 6: Existencia del sistema de gestión de calidad (Madurez) 38

Figura 7: Uso de estándares de calidad en las empresas 40

Figura 8: Incremento de la productividad de la empresa por el uso de estándares enfocados a la calidad. 42

Figura 9: Barreras de implementación del sistema de gestión de calidad 48

Figura 10: Factores que representa problemas a la productividad dentro de la empresa 51

Figura 11: Aspectos que influyen en la productividad a la hora de trabajar en la empresa ... 53

Figura 12: Métodos de control adecuados para el máximo desempeño 55

Figura 13: Importancia de los sistemas de gestión de calidad y la productividad en la empresa 57

Figura 14: Relación entre el sistema de gestión de calidad y la productividad en la empresa59

Figura 15: Árbol de problemas. 76

Índice de Tablas

Tabla 1: Actividad económica por cantones 30

Tabla 2: Encuestas y muestra 33

Tabla 3: Explicación de encuestas 33

Tabla 4: Atributos de las preguntas del cuestionario 34

Tabla 5: Resumen del procesamiento de los casos 36

Tabla 6: Estadísticos de fiabilidad 36

Tabla 7: Sistema de gestión de calidad 38

Tabla 8: Uso de estándares de calidad en las empresas 40

Tabla 9: Incremento de la productividad de la empresa por el uso de estándares enfocados a la calidad 42

Tabla 10: Sistema de Gestión de Calidad y su impacto 44

Tabla 11: Barreras de implementación del sistema de gestión de calidad 47

Tabla 12: Factores que representa problemas a la productividad dentro de la empresa 50

Tabla 13: Aspectos que influyen en la productividad a la hora de trabajar en la empresa 53

Tabla 14: Métodos de control adecuados para el máximo desempeño 55

Tabla 15: Importancia de los sistemas de gestión de calidad y la productividad en la empresa 57

Tabla 16: Relación entre el sistema de gestión de calidad y la productividad en la empresa 59

Tabla 17: Estadísticos 61

Tabla 18: Suma de totales según clasificación 61

Tabla 19: Tabla de contingencia 63

Tabla 20: Pruebas de chi-cuadrado 64

Tabla 21: Prueba de correlación 1, (Productividad y SGC) 65

Tabla 22: Prueba de correlación 2, (Productividad y uso del SGC). 66

Índice de Anexos

Anexo 1. Planteamiento del problema. 76

Anexo 2. Encuesta 77

Anexo 3. Productividad total. Año 2008 80

Resumen Ejecutivo

La industria textil representa un papel importante dentro de la manufactura a nivel mundial, nacional y local, este sector proporciona desarrollo económico a diferentes provincias del Ecuador siendo Imbabura, Chimborazo, Azuay, Carchi, Tungurahua y Bolívar las que concentran la mayor actividad textilera de la región.

Este trabajo se enfocó en descubrir el impacto del sistema de gestión de calidad en la productividad de las empresas del sector textil de la provincia con el fin de motivar la gestión basada en calidad.

Los resultados señalaron que el sistema es escasamente usado dentro del sector textil de la provincia pese a que la mayoría usa estándares de calidad, esto muestra el interés a buscar calidad dentro de las organizaciones.

El impacto se encontró reflejado en el índice calculado más alto que lo tenían las empresas que usan el sistema de gestión de calidad, esto con respecto al índice de la industria manufacturera ecuatoriana que consta en el CIIU3, numeral 17 del Instituto Nacional de Estadísticas y Censo que proporciona el estándar de 2,0 dólares por unidad de insumo; por tanto, se requiere socializar la certificación internacional para que el sector textil incremente el índice de productividad.

PALABRAS CLAVE: Sistema de gestión de calidad, productividad, industria textil.

Abstract

The textile industry represents an important paper inside the manufacture worldwide, nationally and locally, this sector provides economic development to different provinces of the Ecuador being Imbabura, Chimborazo, Azuay, Carchi, Tungurahua and Bolivar those who concentrate the major activity textilera of the region.

This work focused in discovering the impact of the system of quality management in the productivity of the companies of the textile sector of the province in order to motivate the management based on quality.

The results indicated that the system is scantily, used inside the textile sector of the province in spite of that the majority uses quality standards. This shows the interest to looking for quality inside the organizations.

The impact was reflected in the highest calculated index that it there had the companies that use the system of quality management, this with regard to the index of the manufacturing Ecuadoran industry that consists in the CIIU3, numeral 17 of the National Institute of Statistics and Census that provides the standard of 2,0 dollars for unit of input; therefore, it is needed to socialize the international certification in order that the textile sector increases the index of productivity.

KEYWORDS: System of quality management, productivity, textile industry.

1. DEFINICIÓN DEL PROBLEMA DE LA INVESTIGACIÓN

1.1 Tema

"Sistema de gestión de calidad y su incidencia en la productividad en las empresas del sector textil de la provincia de Tungurahua".

1.2 Planteamiento del problema.

1.2.1 Contextualización.

En la actualidad el desempeño de las organizaciones a **nivel internacional** dentro de todos los sectores productivos denota la búsqueda de estrategias para que el futuro de las empresas dentro de las condiciones actuales en las que se desarrolla encuentre una viabilidad y sostenibilidad (Carro y González, 2012). Estas estrategias son ejes importantes que considerar para encontrar una ventaja competitiva dentro de determinada industria, esta puede iniciar desde una visión de largo plazo a una dirección basada en calidad, todo depende de la misma organización. Los cambios en la economía mundial, han hecho que las empresas busquen su crecimiento dentro del comercio exterior pues este representa grandes oportunidades pero a su vez un gran compromiso por parte de las empresas exportadoras (Puerto, 2010).

La industria textil es un sector diverso juega un papel muy importante dentro de la manufactura a nivel mundial, en Europa las empresas de la industria textil tienen por característica tomar hábilmente las tradiciones de su cultura, lo cual lo combinan con el saber empresarial da como resultado ser el primer exportador respecto a productos textiles, el siguiente es China y a lo que se refiere a la construcción de bienes de equipo para el mismo sector (Ditty, 2015); la Unión Europea es el primero, por dichos factores este es considerado como el líder del mundo del diseño y moda, lo cual se evidencia con datos del 2013 donde, existían 185 000 empresas, que emplea a 1,7 millones de personas y genera 166 mm de euros (European Commission, 2016). A nivel de América Latina la industria textil forma parte de las actividades productivas más antiguas, desde tiempos prehispánicos y lo siguió durante la colonia. En Brasil y México fue el área textil la que dio paso a formar dos economías grandes de la región durante los siglos XIX y XX (Pérez, 2012).

La industria textil **ecuatoriana** vio sus inicios en la dominación colonial, mediante procesamiento de lanas, luego en el siglo XX llega el algodón pero, solo hasta la década de los 50 se utiliza esta fibra. En la actualidad se utilizan varios tipos como: el poliéster, el nylon, los acrílicos, la lana y la seda. Un gran número de empresas dedicadas a esta actividad productiva se encuentra localizado en las provincias de Pichincha, Imbabura, Tungurahua, Azuay y Guayas (Asociación de Industriales Textiles del Ecuador, 2016). Este sector a su vez ha proporcionado el desarrollo económico en varias provincias del Ecuador, Imbabura es donde se concentra la mayor actividad textilera de la región Sierra con el 45.99% de talleres, Chimborazo con el 15.02%, Azuay tiene el 11.65%, Carchi participa con el 10.83%, Tungurahua posee el 5.15% y otras provincias como Bolívar el porcentaje de talleres es aproximadamente entre 1.36% al 0,14%. Pese a que el nivel de importancia de este sector es alto no se registra datos exactos sobre la producción nacional de textiles (Dirección de Inteligencia Comercial e Inversiones - Dirección de Promociones de Exportaciones, 2012).

Según la Agenda Zonal- Zona 3 (2013), la manufactura es el segundo eje productivo y se debe tomar en cuenta que basados en el objetivo número 10 del Plan Nacional del Buen Vivir, el impulsar la transformación de la matriz productiva en el literal 1.c. expone que se debe consolidar la trasformación productiva de los sectores prioritarios industriales, los mismos que son calzado de cuero, comercialización de alimentos en fresco, ecoturismo, carrocerías, textiles y vestimenta (Secretaría Nacional de Planificación y Desarrollo, 2015).

En la provincia de **Tungurahua** la rama textil es la tercera actividad manufacturera, luego de la rama automotriz y antes de la producción en cuero, esta es una de las más importantes ya que con su aporte según los datos emitidos por el Ministerio de Coordinación de la Producción, Empleo y Competitividad (2011) generó 448 plazas de empleo, 1 millón de dólares correspondientes a sueldos y salarios, **y** su producción bruta para la venta en 9,8 millones de dólares, esto nos hace entender la relevancia del sector y su aporte a la economía nacional.

Claro está que su desarrollo no ha sido fácil ya existen factores que influyen dentro del sector para su correcta marcha, tanto de ámbito legal como el esfuerzo diario y tomar responsabilidades para que esta surja. Es así que el tema actual, es la gestión con calidad donde muchas empresas ya arriesgan y evidencian competitividad dado que la búsqueda de alternativas de subsistir en un mercado que se redujo el volumen físico de producción en un ocho por ciento de diciembre 2015 a inicios de 2016 (Asociación de Industriales Textiles del Ecuador, 2016). Según la Agenda 2035 del Gobierno Provincial de Tungurahua (2014), en las ventas del sector manufacturero dentro de la provincia presenta datos por cantones en el periodo 2014 se distribuyó de la siguiente forma: Ambato $641.564.521,00; Baños $4.284.605,00; Cevallos $2.660.876,00; Mocha $91.778,00; Patate $1.318.696,00; Quero $2.694.429,00; Pelileo $54.735.626,00; Píllaro $8.899.720,00; Tisaleo $1.832.679,00. Lo cual presenta un total de $754.082.930,00 periodo 2014 correspondiente a la industria manufacturera de la provincia según lo indica el directorio de empresas (Instituto Nacional de Estadísticas y Censo, 2014).

Usar un sistema de gestión de calidad en la actualidad nos hace generar una ventaja competitiva (Carro y González, 2012). Y con esto forjar grandes beneficios y reconocimientos por parte de los clientes, importante ya que dentro de un marco altamente competitivo donde se desarrolla hay que tener en cuenta factores influyentes, los mismos que, usados de forma táctica consiguen resultados de impacto, es decir, la aplicación de procesos y sistemas, que son pasos congruentes para alcanzar los objetivos propuestos, gestión donde se controla y vigila estos pasos para ejecutarlos de forma eficiente (Bonilla, 2015). Con la calidad se crea satisfacción en los resultados, que acarrea consigo beneficios internos y externos, factores relevantes en el desarrollo de una organización productiva (Tarí, Molina-Azorín y Heras, 2012).

Por tanto, es importante analizar **¿Qué impacto tiene la aplicación del sistema de gestión de calidad en la productividad de las empresas del sector textil de la provincia de Tungurahua?** Para poder identificar si uno de los factores que aporta a ser la empresa más productiva es la gestión de calidad.

1.2.2 Análisis Crítico

Basados en el árbol de problemas (Anexo 1) podemos encontrar que la escasa motivación por parte de empresas del sector sobre el sistema de gestión de calidad afecta en la productividad de las mismas, esto genera a su vez un nivel bajo de competitividad dentro del sector textil de la provincia, esto debido a que en la actualidad se requiere productos que buenos y a costos moderados.

Otro de los factores es la mínima orientación de los gerentes- propietarios de las empresas ya que en muchos casos se ha visto la pugna entre *Calidad vs Productividad* esto a causa de desconocimiento de las ventajas que residen en la calidad, esto a su vez desemboca en una gestión ineficaz para el desarrollo productivo de las empresas que en un mercado altamente competitivo es necesario.

Así también los supuestos negativos sobre la gestión de calidad que no tienen fundamentos hacen que las personas no confíen en su aplicación, lo cual conlleva a la pérdida de clientes potenciales y la confiabilidad de todo el sector productivo.

2. OBJETIVOS DE LA INVESTIGACIÓN

2.1 Objetivo general

Descubrir el impacto del sistema de gestión de calidad en la productividad de las empresas del sector textil de la provincia de Tungurahua.

2.2 Objetivos específicos

a) Diagnosticar las empresas que tienen sistema de calidad y las que no lo tienen dentro del sector textil de la provincia de Tungurahua y sus factores.
b) Identificar la productividad de las empresas del sector textil de la provincia de Tungurahua.
c) Relacionar el sistema de gestión de calidad y la productividad de las empresas dentro de la provincia de Tungurahua.

3. FUNDAMENTACIÓN TEÓRICA (Estado del arte).

3.1 GESTIÓN DE LA CALIDAD

La calidad dentro de las empresas que ha estado presente desde tiempos inmemoriales. La preocupación de las organizaciones por la calidad de los productos que elaboraban no nace en un momento preciso de la historia. El interés por el trabajo bien hecho, por el cumplimiento de unos estándares de calidad, fue confirmado por la misma persona que lo hacía o por inspectores equipados con algún sistema de verificación, ha estado presente en el trascurso de la civilización, si bien de modos muy distintos según las necesidades y recursos de la época. No obstante, la definición de la calidad como función empresarial es obra del siglo XX (Galván, Moctezuma, Dolci y López, 2012). La función de calidad es toda la recopilación de actividades a través de las cuales obtenemos la satisfacción del cliente y la lealtad, sin importar el sector dentro del que se ejecuten (Villalbí, Ballestín, Casas y Subirana, 2012).

La norma ISO 8402 define a la calidad como "*la totalidad de los rasgos y características de un producto o servicio que se sustenta en su habilidad para satisfacer las necesidades establecidas implícitas*" (Díaz, 2012, p. 35). Al hablar de calidad lo propio es usar el término *Calidad total*, dado que con el pasar del tiempo este ha evolucionado desde sus inicios como: *inspección 100%*, luego con la aplicación de conceptos estadísticos viene el *control de los productos*, donde aplicaban técnicas de muestreo con esto se desarrolla el llamado *control de procesos*, este buscaba anticiparse y tratar de evitar productos defectuosos, pero al hablar de calidad viene inmerso no solo la producción sino la post venta de dicho producto donde aparece un nueva forma de calidad con el *control integral de la calidad*, hasta la actual definición donde interviene factores como la satisfacción al cliente, planeación estratégica y la participación toda la organización (Bonilla, 2015).

Si bien es cierto que la gestión de la calidad es un tema con características globales y para muchos confuso. Llegar a una definición exacta es poco posible dado que se pueden encontrar varios puntos de vista los que concuerdan según donde se la desarrolle (Zapata y Sarache, 2013). Es decir, que el enfoque varía debido a los individuos que al querer conceptualizarlo lo ven de forma personal y lo relacionan con funciones propias de su entorno y esto a su vez está vinculado a evolucionar acorde a la *profesión de la calidad* es decir, procesos, productos, servicios, entre otros (Evans & Lindsay, 2014).

3.1.1 Sistema de Gestión de Calidad

Un sistema de calidad es una red organizacional, donde cada uno de los departamentos de la empresa intervienen de forma sinérgica para dar paso a la creación de una cultura basada en calidad, estos sistemas varían de una empresa a otra dada la influencia de los factores de cada una (Bonilla, 2015). La gestión de calidad tiene como plataforma al sistema de calidad y este a su vez es fundamentado en la opinión de los clientes, en una era tan competitiva donde se busca el hacerlo bien y mejor esto a su vez a bajo costo, que crea una brecha de estrategias que diferencian y hacen que las empresas tengan mayor éxito dentro del mercado que otras (Fraiz, Àlvarez y De la Cruz, 2012).

Un sistema de gestión de la calidad es un tema estratégico el cual debe ser tomado de la forma más clara y oportuna posible, los factores que tienen incidencia en este son: el entorno de la empresa, sus posibles cambios y a su vez los riesgos, los requerimientos variables, objetivos específicos de esta, los productos que realiza, los procesos que utiliza, el tamaño y su estructura. Estas son claves tanto para una decisión estratégica como para la utilización de un sistema de gestión de calidad y por así decirlo, es a lo que se refiere optar por un sistema de gestión basado en calidad (Gaviria y Dovale, 2014).

La base para el desarrollo de cualquier sistema de gestión de calidad es el conocido **ciclo** de **Deming**, el cual deja en claro las pautas en las que se basa:

Planificar: en este punto busca obtener de forma previa los recursos, fuentes, información, medios y tiempos necesarios para cumplir con los objetivos y así obtener los resultados acordes a las necesidades de los clientes y la organización.

Hacer: al describirlo con una palabra es muy simple, pero mantiene de forma intrínseca su complejidad y el espacio donde se ejecutara todo lo aquello planeado.

Verificar: para desarrollar este punto es claro que mantendremos un control, revisiones y recolección de información de diferentes áreas del proceso que realizan el seguimiento respectivo para de esta manera generar informes que ayuden en el proceso de acciones correctivas o preventivas.

Actuar: ya con la información captada en el punto anterior se toma decisiones, mismas que garantizaran la mejora de los procesos en caso de que no estén efectuándose de la forma deseada y de manera simultánea se busca la mejora continua del desempeño del mismo.

Es claro notar el enlace que mantienen estas cuatro fases y su intervención hace sencillo entender la forma de desempeño de un sistema de gestión, esta metodología (PHVA): planificar, hacer, verificar y actuar aplicada dentro del sistema de calidad nos da paso al ciclo de la mejora continua y esta se encentra en la nueva versión con una clausula individual, con un orientación general acerca del *pensamiento basado al riesgo* la cual busca prevenir resultados no deseables (ISO 9001, 2015).

En la figura uno podemos encontrar el modelo esquemático de la intervención del (PHVA) de forma detallada y su gestión interrelacionada con cada una de las nuevas cláusulas de la estructura de la versión 2015.

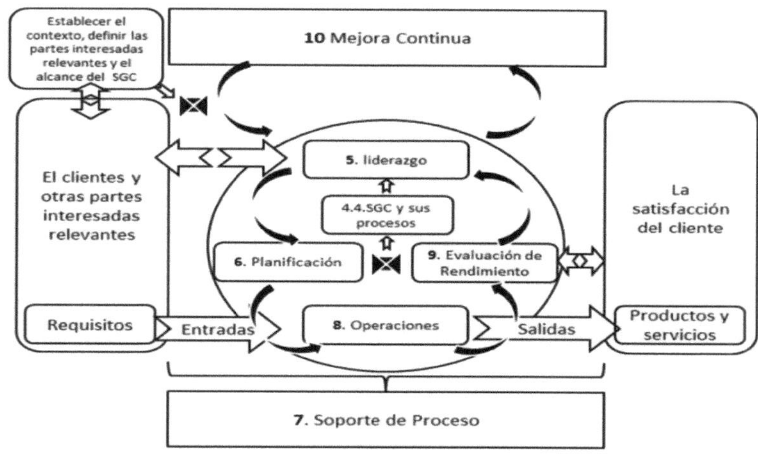

Figura 1: Modelo del SGC - ISO 9001:2015
Fuente: ISO 9001:2015.

3.1.2 Gestión por procesos

La gestión por procesos es administrar de manera sistémica el flujo de insumos y resultados dentro de la organización para buscar retroalimentación y así mejorar cada proceso con el fin de ser eficientes y eficaces. Un proceso es un fragmento de la empresa que otorga como resultado un producto o servicio con mayor valor que los insumos originales (Chase & Jacobs, 2014).

3.1.3 Normas ISO

Las normas de calidad o mejor conocidas como normas ISO, son aquellas que buscan la estandarización de procesos y estas ayudan hacer bien las cosas. La competitividad y la productividad intervienen en un mundo globalizado, la sociedad busca mejores productos que satisfagan sus necesidades (Lacalle, 2013); es por esto que se crean las normas ISO, mismas que son las siglas de *International Organization for Standardization* en español, organización internacional para la normalización, donde se desarrolló las primeras normas ISO 9000, publicadas en 1987 (GestioPolis, 2013). Con el pasar de los años han generado nuevas versiones y la norma ISO 9001 es la más conocida dado que trata de la implementación de la gestión de calidad y los requisitos de este, es importante recalcar que esta norma se actualiza para ajustarse a los términos actuales en los que se desarrollan las organizaciones (Lacalle, 2014). Estas normas han venido adaptándose con el pasar del tiempo para ayudar a las empresas con la gestión a la calidad, como podemos observar en la figura número uno, se puede evidenciar que, en el año 1987 su enfoque de propuesta estaba basado en procedimientos, en 1994 se basó en la Acción preventiva y el Control, en el 2000 al 2008 el enfoque por procesos, en el 2015 su enfoque se basa en el riesgo y las oportunidades (García y Sánchez, 2015).

3.1.3.1 Clasificación de las normas

Según Franklin (2013) las normas más conocidas y con mayor impacto dentro de las organizaciones son varias, pero entre las más reconocidas en el mundo empresarial están dentro del listado siguiente:

Normas de referencia ISO que están vinculadas a la calidad.

ISO 9001: esta involucra lo referente a los requisitos de los sistemas de gestión de calidad, es la más destacada e implementada en el ámbito empresarial.

ISO 9000: es una norma complementaria a la ISO 9001, busca estandarizar el vocabulario para el Sistema de Gestión de Calidad y establece fundamentos de este.

ISO 9004: esta señala los criterios de los sistemas de calidad en la gestión administrativa de la calidad.

ISO 10000: Es una guía referente a los reportes técnicos en relación con la calidad.

ISO 14000: Son normas de gestión y desempeño medioambiental.

ISO 14004: lineamientos para la implementación, principios, sistemas y técnicas de ejecución del sistema de gestión medioambiental (Laverde y Bernal, 2014).

ISO 18001 (OSHAS): es conocida debido a su facilidad para implementarla de forma conjunta con la 9001 y la 14001 en un sistema conocido como *sistema de gestión integrado* (Lozano, Martín y Basto, 2015).

ISO 19011: Esta norma proporciona orientación para las organizaciones sobre cómo hacer las auditorías internas en lo referente a calidad y también de medio ambiente (Casco, Ramírez, Cruz, Flores y López, 2016).

ISO 26000: Esta instituye recomendaciones sobre la responsabilidad social, es decir que una organización tenga en cuenta a la sociedad, al entorno, ámbitos jurídicos, económicos y organizativos de este (Heredia, 2013).

Figura 2: Evolución Normas ISO 9001
Fuente: García (2015). Breve sumario de los cambios que incorpora la Norma ISO 9001:2015.
Elaborado por: Evelyn Cepeda.

Las normas ISO 9001 versión 2015, se publicaron el 23 de septiembre de 2015 y el periodo para que las empresas que tengan la certificación vigente ISO 9001:2008, es de tres años, pero es claro que llegar a cumplir con estos cambios conlleva esfuerzo y compromiso para las empresas y la dedicación con las que estas trabajen se verá reflejado es su productividad y competitividad (Escuela Europea de Excelencia, 2015).

3.1.4 Principios de calidad.

Las normas ISO 9000, pueden considerarse también como las *mejores prácticas empresariales actuales* (López y Ortega, 2016). En la nueva versión ISO 9001:2015, encontramos siete principios de la gestión de la calidad como lo son el enfoque al cliente, liderazgo, compromiso y competencias de las personas, enfoque basado en procesos, mejora, toma de decisiones informadas, gestión de las relaciones (ISO 9001, 2015).

Primero: Enfoque al cliente.

Este principio hace hincapié en el término cliente, el motor de vida de la organización, es por quien y para quien la organización existe (Fernández, 2015). Es claro entonces la importancia de este principio y todo lo que este principio abarca, ya que desde su percepción se podrá señalar el nivel de calidad necesario para satisfacer las necesidades del cliente, pero con tantos clientes llega a ser difícil determinar con exactitud si se satisface realmente al cliente (Gaviria y Dovale, 2014).

La satisfacción del cliente es un tema subjetivo dado el grado de complejidad de cada uno de estos, pero para poder hacer mediciones dentro de la calidad se han reconocido dos enfoques distintos:

El primero que está basado en la *conformidad* es también conocida con el término, *perspectiva del ingeniero*, se refiere a que si el producto cubre cada una de las especificaciones que este ofrece inmediatamente se sobre entiende la satisfacción. El segundo lineamiento está directamente relacionado con el cliente y su expectativa con respecto al producto, pero claro surge un cierto nivel de cambios, pues varios son grupos de clientes y un sinfín sus expectativas. Pero al crear la realidad con cierto grado de superioridad que la expectativa de un cliente, hablamos de satisfacción y al contrario si la experiencia real del cliente al momento de la compra fue más baja que la expectativa hablamos de insatisfacción (Lozano, 2011).

Segundo: Liderazgo

El liderazgo forma parte de los principios de la calidad porque quien hace las cosas debe mantener una ideología ligada a la calidad, en un ambiente altamente competitivo hay que tener en cuenta dos objetivos primordiales de toda compañía: el perdurar y subir; estos forman la base tanto en personas como en los clientes y como en el talento humano, es por esta razón que forma parte del segundo pilar de la calidad. Esta ha formado parte de estrategias claves para conseguirlo, donde se requiere de un buen desempeño desde el mando de dirección, que son quienes mantienen el timón en curso y su flote gracias a quienes lo desempeñan día a día.

La motivación que proporciona un líder es el punto clave para su desarrollo al hablar de calidad, si un líder posee características como dinamismo, preparación técnica, experiencia lo hacen capaz de integrar e impulsar a la organización a buscar nuevas formas de desarrollo, pero también hay que tener en cuenta que el poder no es liderazgo y el tener derecho legal para mandar no es ser líder, es así que necesita tener un liderazgo integrativo donde se construya una cadena en la cual participen todos los niveles de la organización (Pérez, 2016).

Tercero: Participación del personal.

Al incluir al personal dentro de la organización y su relación con la calidad proporciona unión y compromiso, ya que ellos en el nivel o departamento que realicen sus actividades van a brindar el apoyo requerido para el desarrollo pleno de la gestión de calidad. Dado que hay que entender que al hablar de sistema conlleva la integración optima de todo pues es muy común pensar que hay actividades que no se incorporan pero es aparente dado que todas son tomadas en cuenta. Es clave que el personal esté vinculado con todo aquello que realiza es decir entienda con claridad sus funciones dentro de la organización acorde a un perfil del cargo, pues esto ayuda a evitar errores y genera apoyo dentro de la calidad. A su vez el personal inicia con el compromiso que va adquiriéndolo día a día, le ayudara a encontrar motivación personal que es en muchos casos más relevante que lo económico, son todos estos factores los que también se debe tomar en cuenta al realizar un enfoque de desarrollo basado en los principios de calidad para la organización (Pérez, 2016).

Cuarto: Enfoque basado en procesos

Este es el enfoque que se presenta con mayor énfasis dentro de la gestión de calidad dado que al generar procesos se puede identificar de una manera más objetiva el desarrollo y desempeño de este y así apreciar el cumplimiento de los objetivos, al decir proceso se debe tomar en cuenta que es el enlace de acciones fielmente relacionadas las cuales transmutan de recursos de entrada en salidas estos recursos inician desde la necesidad del cliente hasta su satisfacción. Dentro de la organización al usar procesos en vez de áreas, se busca erradicar aislamientos que interrumpan con el desempeño coordinado de esta (Villaquirán y Nieto, 2016).

El enfoque en procesos presenta un apoyo innovador para el desarrollo de proyectos al nivel empresarial y otros campos, este enfoque permite revisar, proponer y garantizar el funcionamiento de los elementos del mismo (Hernández, Olivera, Garza y González, 2015); las normas ISO desde el 2000 presenta este enfoque como principio de la calidad y busca generar fuerza en el desempeño dentro de las organizaciones y para el año 2015 con la presentación de las Normas ISO 9001: 2015, buscan presentar un desafío para las empresas, no con un carácter negativo, muy por el contario, facilitar a las empresas su capacidad de dirección estratégica ya que incluyen a todas las partes interesadas dentro de la organización dentro de sistemas que no solamente determinan procesos utilizados para el cumplimiento de los objetivos, sino también, deben identificar riesgos y oportunidades de estos (Álvarez, 2016).

Quinto: Mejora.

Al trabajar basado en calidad y la mejora continua, genera lineamientos estratégicos que hacen a una organización fuerte y competitiva, esto gracias a que todos sus miembros tienen ideas homogéneas, es decir, que las personas, son la clave para hacerlo realidad. Así, vamos a observar como todos los principios están vinculados y mantienen una coherencia de desarrollo para el éxito y el trabajo de forma sistémica nos permite obtener una visión amplia del panorama y aplicar la retroalimentación es fácil. Al pasar el tiempo las organizaciones adquieren experiencia y hacen mejor las cosas pero; ¿cuándo paramos?, la respuesta es inquietante cuando nos referimos a la mejora continua, con tan solo dos palabras se encuentra un sinfín de nuevas oportunidades y así concluimos que nunca, pues las cosas que hoy las hacemos bien se pueden hacer mejor y una de las características de las empresas exitosas es pensar que lo que ayer hacia bien, hoy ya no. Pues las cosas no siempre se mantienen así, mejoran o empeoran y esto es debido a la naturaleza misma y no obstante la misma organización, la mejora continua aparece cuando inicia la comparación de desempeño de las empresas en el tiempo y así también con sus similares dentro del sector competitivo (Guerra, Meizoso y Roque, 2015).

Sexto: Toma de decisiones basada en la evidencia.

La toma de decisiones es clave para la organización y la forma en que esta sea realizada es aún mayor. La información, hechos y datos disponibles son herramientas que ayudan y facilitan al elegir la mejor, ya que al basarnos en el ánimo o corazonadas en la gran mayoría de situaciones no son lo más indicado. La calidad de esta información, generará calidad en las decisiones y así, obtener razones medibles y exactas con poca probabilidad de fallo (Guerra, Meizoso y Roque, 2015).

Séptima: Gestión de las relaciones

La interrelación que aparece con los proveedores, clientes, socios es estrecha, ya que el éxito de ellos, es también, éxito propio, es por esta razón que, este principio busca el ganar-ganar para todos, pues, una organización no está dentro de una burbuja impermeable sino que forma parte de un macro sistema de desarrollo. Todos aquellos con los que la organización se relaciona son partes interesadas y con estas influye también el éxito de las empresas (ISO 9001, 2015).

Estos siete principios forman parte de una visión de calidad y al trabajar con ellos, no solo estandarizamos procesos, sino que, buscamos el ser mejores dentro de un mercado global y competitivo, que mantiene el enfoque de desarrollo de todos los recursos que lo integran así como también una clara visión de lo que busca el desarrollo mediante la gestión con calidad.

3.1.5 Beneficios de los sistemas de gestión de calidad

Los beneficios pueden variar según el sector en el que vamos a desarrollar pero su nivel de variación es corto. La implantación de un SGC se clasifica como internos y externos. Los beneficios internos están relacionados con la satisfacción y seguridad en el trabajo, la tasa de absentismo, el salario de los trabajadores, la fiabilidad de las operaciones, las entregas a tiempo, el cumplimiento de los pedidos, la reducción de errores, la rotación de existencias. Por su parte, los externos se asocian a la satisfacción de los clientes, el número de quejas y reclamaciones, las repeticiones en las compras, la cuota de mercado, las ventas por empleado y el rendimiento de las ventas y los activos (Tarí, Molina-Azorín y Heras, 2012); en definitiva, los beneficios de la implantación de un SGC están relacionados con resultados de naturaleza financiera, operativa y comercial y el ahorro en costes. Esto generaliza valor y da así pautas para diversas interpretaciones (Carmona, Suárez, Calvo y Periáñez, 2015).

3.1.6 Barreras para la implementación de los sistemas de gestión de calidad

Existen barreras que pueden ser personales, sociales y emocionales estos se presentan en casos de forma independiente para cada organización, es así que las barreras que se presentan no son excluyentes para algún sector productivo especifico dado que al interactuar con personas generamos un acceso general a mundos interdependientes y aun con más relevancia, cuando este se encuentra vinculado para determinada actividad (Carmona, Suárez, Calvo y Periáñez, 2015).

Las primordiales barreras a la institución y desarrollo de los SGC son el escaso compromiso y poca visión de la dirección gerencial, altos costos de manutención del sistema, la falta de tiempo, la obstinación y poca participación de los colaboradores (Filter, 2015). El no obtener los beneficios esperados de forma rápida, la falta de capacitación, la falta de recursos económicos y físicos, la poca colaboración de fuentes externas, las dificultades en procesos de auditoría o la falta de conocimiento de los requisitos de la norma ISO 9001, estos diversos factores hacen que se genere temores no justificados para una correcta utilización de sistemas de gestión (Cagnazzo, Taticchi & Fuiano, 2010).

3.1.7 Mejora Continua

La esencia de la calidad en buscar la mejora continua es más que solo una idea de mejorar es buscar bienestar y no conformarnos, para un correcto desempeño de una organización. La base para una gestión con calidad es la utilización del ciclo PHVA, que a su vez forma parte del pensamiento de gestión con excelencia (Guía de la calidad, 2016). A esto se suma la aplicación de políticas de calidad, objetivos, acciones correctivas, análisis de información que busquen el ser mejores no al incrementar procesos sino que busca que, trabajen de forma óptima los ya existentes (Rodriguez, 2011).

3.1.8 Servicio al cliente

El servicio al cliente en la actualidad se ha convertido en el reto para las organizaciones y se debe tener en cuenta que, este tiene alto grado de relación con cada departamento de una organización es así que, se busca estrategias que interrelacionen a los clientes (Aguilar, 2012). Esto hace que el servicio al cliente no es cuestión únicamente de las empresas de servicio, sino más bien, de toda organización pues la atención y la relación vendedor- consumidor es altamente influyente en el resultado de la venta. La importancia radica en la satisfacción la misma que, hace que los clientes al sentirse satisfechos regresen y vuelvan a adquirir el producto que cumplió con sus expectativas, asimismo es altamente probable que este cliente nos recomiende con otros consumidores y por otro lado al ser negativo este comentario pasa a formar parte de la pérdida de clientes potenciales futuros (CreceNegocios, 2015).

3.1.9 Servicio postventa.

Es un tipo de servicio al cliente este tiene gran impacto para los clientes, pues es mediante este servicio donde se puede encontrar ciertos detales pasados por alto en cualquier departamento de la organización, los servicios post ventas más reconocidas según CreceNegocios (2015), están entre:

a. *Promocionales*, que son los cuales utilizan a los clientes frecuentes para ciertos sorteos o promociones.

b. *Psicológicos*, son de carácter motivacionales, que buscan mantener relaciones con el cliente por medio de felicitaciones por fechas especiales y con el fin de preguntarle por el producto.

c. *Seguridad*, esta se aplica cuando existe una política por devoluciones en artefactos con daños de fábrica los mismos que generan seguridad al cliente.

d. *Mantenimiento*, este incluye el servicio de mantenimiento o de guía tutorial para el uso de determinado producto.

3.2 PRODUCTIVIDAD

3.2.1 Administración de la producción

La administración es parte innata de una organización, sin importar la naturaleza de esta, es por esta razón que se ha desarrollado durante mucho tiempo técnicas, modelos, métodos para ejercerla de una manera funcional y que proporcione los resultados esperados, para esto se debe entender que la administración es un proceso, que busca un ambiente apto para las personas para cumplir con los objetivos específicos de forma efectiva (Koontz, Weihrich, & Cannice, 2012). La administración en la actualidad busca objetivos ya no únicamente de naturaleza interna y económica, sino que, busca el desarrollo externo de todo el ecosistema donde esta se ubica, siempre con la aplicación de las funciones del proceso administrativo general (Cuatrecasas, 2012).

El área principal dentro de cualquier organización es la de producción y operaciones, pues es, donde se crea el valor. Hace un tiempo atrás, la producción perdió protagonismo dentro del plan estratégico para las organizaciones, pero mediante al crecimiento e interacción con el desarrollo y necesidades actuales se encontró la forma de integrarlo como un punto clave para crear competitividad dentro de la industria (Martín y Díaz, 2016). La administración de operaciones es un proceso de metamorfosis que muda los recursos en bienes y servicios listos para el consumidor; Es importante para los gerentes, puesto que, de esta derivan tres razones claves. a) integra tanto servicios como manufactura. b) es relevante para la eficacia y efectividad de la productividad. c) forma parte estratégica del éxito competitivo de la organización (Robbins & Couter, 2014).

Antes las organizaciones separaban actividades como por ejemplo compras, ventas, logística, proveedores esto retrasaba e incluso generaba reacciones adversas en los empleados de dichos departamentos pero con el desarrollo actualmente, las organizaciones trabajan de manera sistémica lo que permite controlar todo el desarrollo de los diferentes procesos que requiere las actividades cotidianas de la organización y un punto a favor es la tecnología, pues con esta se han reducido tiempos y recursos, pues al integrarlos en un enfoque de procesos observamos su intercomunicación y los requerimientos de cada uno de estos, es así que, damos un paso firme para el desenvolvimiento de la calidad dentro de la organización (Krajewski, Ritzman y Malhotra, 2013).

3.2.2 Sistema de producción

El gran apoyo que aporta una visión sistémica se inicia desde la concepción misma de determinar que una empresa es un sistema abierto, donde interactúan recursos tangibles e intangibles, para crear bienes y/o servicios que otorgan beneficios a sus propietarios (Iborra, Dasí, Dolz y Ferrer, 2014); esto hace tener a su vez una visión clara de los subsistemas funcionales que interactúan dentro de una empresa que están acorde a las necesidades y naturaleza de esta, pero entre estas se encuentran las siguientes:

a. *Función de aprovisionamiento:* esta se encarga del proceso antes de la producción, relacionado con compras, almacenaje. Actualmente gracias a la tecnología se ha convertido en gran parte en una de las pautas para generar éxito, dado que, es en este subsistema funcional donde se toma las decisiones que determina los inputs, sus costos, calidad, tiempos, mismos que, inciden de manera directa en resultados de la empresa.
b. *Función de producción:* es el encargado del proceso de transformación encaminado para generar un producto o servicio que satisfaga las necesidades del consumidor, pero esto a su vez encajona decisiones mucho más amplias, tales como: de localización, capacidad de producción optima, manejo de tecnología, mantenimiento, mano de obra, diseño, flexibilidad de producción.
c. *Función comercial:* esta se mantiene un alto grado de vinculación directa con los clientes, pues, debe tener en cuenta tendencias de mercado, comportamiento del consumidor y busca anticiparse a los requerimientos de estos. Se puede decir que, es aquí donde se aplican las cuatro p del marketing, *precio, producto, publicidad y promoción.*
d. *Función financiera:* esta se encuentra enlazada a la gestión del recurso financiero necesario para desarrollar las actividades propia de la empresa, donde se consideran a las remuneraciones, pagos de varios orígenes que pueda generar la empresa mientras ejecuta sus actividades.

e. *Función de investigación y desarrollo:* este es un tema que se encuentra en pleno auge, pues, es claro ver que las cosas hechas solo por querer hacerlas, sin una base fundamentada, en varios casos genera pérdidas y esfuerzos en vano. Es por esto que las empresas han buscado desarrollar esta función para dar paso a una nueva generación de producción *(I+D)* que vaya acorde a las necesidades de los consumidores para crear competitividad.
f. *Función de recursos humanos:* como lo expresa el enunciado, su propósito son las personas, la motivación, capacitaciones y su bienestar. Es clave esta función, pues, en muchas empresas esta es el pilar para el desarrollo de las actividades de producción.
g. *Función de dirección:* esta busca el acoplamiento de cada subsistema acorde a los objetivos de la empresa, para cumplirlos de la mejor forma y buscar las decisiones más acertadas que guíen y encaminen a la empresa, es aquí donde todos los subsistemas convergen con cada uno de sus aportes y forman un todo.

El área productiva o de fabricación, es considerado el lugar donde se puede generar mayor valor agregado, a lo largo de los años este ha sido un tema con poca influencia en desarrollo y mejora, pero es con este donde se puede conseguir una ventaja competitiva dentro del mercado pues, tiene influencia de varios factores, tales como: innovación, flujo logístico, implementación de sistemas tecnológicos, es también, donde se puede encontrar optimización de materias primas, flexibilidades, costos y calidad. Estos últimos especialmente han demostrado una variación en la aceptación en los clientes y la productividad de las empresas (Salazar, 2016).

3.2.3 Producción

La producción es el resultado de crear, transformar, convertir diversos factores en algo que proporcione satisfacción al cliente (Vilcarromero, 2013); se lo considera también como el proceso de producción que es un conjunto de operaciones que dan origen a un producto mediante la utilización de varios insumos que se los puede clasificar en dos grupos 1).fuerza de trabajo y 2).medios de producción:

recursos tangibles como maquinaria, materiales, entre otros y recursos intangibles tales como conocimiento, información (Hidrobo, Da Costa, Pratt y Trujillo, 2015).

3.2.4 Productividad

La productividad en términos aritméticos se la puede considerar como el cociente del sistema productivo (clientes insatisfechos, productos vendidos, materia prima, entre otros) y la cantidad de recursos utilizados como se indica en la formula siguiente, pero en la práctica este término hace referencia a una variable que identifica que tan cerca o lejos nos encontramos del objetivo primordial del sistema (Salazar, 2016).

(Fórmula 01: Productividad)

$$\boldsymbol{Productividad} = \frac{Sistema\ Productivo}{Cantidad\ de\ recursos\ utilizados}$$

Cuando se habla de productividad existe cierto roce con la palabra calidad dado que hay algunos supuestos que afirman que *para aumentar la productividad hay que sacrificar la calidad* y esto es totalmente falso, pues, el hacer rápido para luego arreglar ciertos errores, esto incrementa tiempo y costes, mismo que se evitaría si se implementaría la calidad en la productividad, como muchas otras cosas dentro de una organización, la productividad esta entre las palabras claves en el desarrollo cotidiano, pues, no es extraño que una empresa altamente competitiva sea productiva, ya que lo uno conlleva a lo otro (Fernández, 2010).

Para entender con mayor claridad lo que es hablar de productividad, iniciamos con la eficiencia, la cual busca obtener el mayor provecho con el mínimo de recursos, la efectividad por su parte desea conseguir los objetivos propuestos, al vincularlos ambos obtenemos ser eficaces, la base de la productividad, esta se debe buscar tanto a nivel de la organización como en cada unidad de trabajo que la conforman (Koontz, Weihrich, & Cannice, 2012); cuando se crea una combinación entre personal y operaciones creamos productividad, la integración de estas variables son un fuerte elemento de desarrollo en especial cuando hablamos de calidad (Robbins & Couter, 2014).

La productividad para las empresas en el 2010 se ha centrado tanto en la definición e implementación de procesos de mejora en industrias a nivel mundial, a través de impulsos estratégicos o de mejora de procesos mismos que se debe buscar para el desarrollo del sector productivo de la provincia (Fundación Telefónica, 2011). La mejora en la productividad y la competitividad dentro de las empresas jamás ha estado más ligada por la calidad como se lo encuentra en la actualidad (Fernández, 2010).

Sí, es verdad que el concepto de productividad es un ratio que puede ser aplicado acorde lo requiera y hay que tener en cuenta el periodo determinado en el cual se lo realiza, sin variación en la calidad de los insumos y los productos (Hernandez & Palafox, 2012); es también un camino para mejorar de forma estratégica en el mundo empresarial, esto se lo puede explicar mediante la figura tres, la cual nos permite observar que el uso de programas de mejoramiento continuo de la calidad de productos y procesos acrecienta la eficiencia productiva en dos caminos el primero es aumentar la productividad y el otro mediante la disminución del consumo productivo de recursos materiales y esto nos da un resultado favorable respecto a la rentabilidad económica, el valor agregado y por ende a la competitividad (Hidrobo et al., 2015).

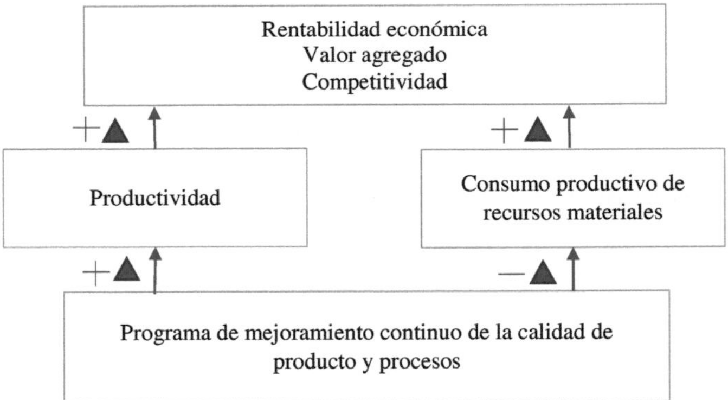

Figura 3: Productividad
Fuente: Diccionario de administración de empresas, Ojeda, F.
Elaborado por: Evelyn Cepeda.

3.2.5 Mejorar la productividad

Entre las formas básicas para mejorar la productividad son: *a).* Incrementar salidas (productos finales) con las mismas entradas (insumos); *b).* Reducir entradas con las mismas salidas; *c).* Disminuir entradas y acrecentar salidas (Martínez, 2014). El ser productivos genera a la empresa mayor rentabilidad y mejor calidad de vida y genera bienestar al trabajador (Hernandez y Palafox, 2012).

Según Quinteros (2010, p.46), explica acerca de los tres factores claves para la medición de la productividad, estos son el *Factor Capital*, tratándose del total de la inversión o lo que posee en si a la empresa; el *Factor Gente*, que son las actitudes y aptitudes que poseen un determinado grupo de individuos; y el *Factor Tecnología*, el conocimiento acerca de cómo realizar el diferentes procesos, automatización. Esto se aplica en cada sector industrial existente y el sector textil no es la excepción.

En el libro *Productividad y reducción de costos para la pequeña y mediana industria* de García (2011) hace incapie de los factores y su utilizacion para generar productividad, estos estan, tanto a nivel interno como externo de la empresa y a su vez, si estos son gestionados correctamente dentro del sector textil se trabaja con productividad.

3.2.6 Factores que incurren en la productividad.

Según Forero (2014) existen dos tipo de factores que pueden ayudar en mejorar la productividad, estos son: los factores internos y externos.

3.2.6.1 Factores internos que incurren en la productividad.

Tecnología

La tecnología juega un papel muy importante dentro de la empresa en todo sector productivo, pues esta mediante la automatización de varios procesos internos puede llegar a generar altos beneficios dentro de la empresa y es de esta forma que varias organizaciones toman a la tecnología como una estrategia clave de inversión.

Talento humano

El personal es la esencia de los procesos, pues básicamente este factor junto con los clientes son quienes dan vida a la empresa y debido a su importancia el desarrollo de cada uno es vital, fomentar sus aptitudes hacen que sus destrezas dentro de la empresa busquen destacar en sus funciones y alcanzar la mejora continua, crecer como individuo y dentro de su grupo.

Investigación y desarrollo

Este factor busca crear cosas nuevas, que aporten al desarrollo de la población, son dos palabras claves que están altamente vinculadas, pues ambas buscan algo con tendencia a la mejora, este algo, se basa en la creatividad, la imaginación y la ciencia para hacerlo posible.

3.2.6.2 Factores externos que incurren en la productividad.

Factores económicos

Según Alonso (2016), el impacto consiste en los componentes que ingresas dentro del sistema económico, monetario, que inciden en el proceso básico de compra–venta.

Factores políticos

Este se encuentra conformado por leyes, sistemas estatales y la sociedad misma, estos crean fuertes influencias y limitaciones dentro del sistema de mercado.

Factores demográficos

Estos son claves para generar estrategias de mercadeo, pues el comportamiento de los consumidores debe ser estudiado para identificar clientes potenciales de la empresa, tanto en relación a la edad, natalidad, entre otros.

Factores socioculturales

Estas se basan en los valores, conductas, gustos o preferencias por determinados productos o servicios, es clave la identificación de estos para que una empresa genere productividad en ciertos nichos de mercado.

Competencia

Este factor busca conocer bien, quienes son, donde están y que hacen, para de esta forma ingresar con un panorama claro en el sector competitivo.

3.2.7 Indicadores

Los indicadores se basan en dos principios que expresan lo que no es medible no es gerenciable y que el control se ejerce a partir de hechos y datos historicos (Sistemas para la gestion de la informacion y las comunicaciones estrategicas, 2011). Las personas buscan sistemas de medición que permiten generar control y uno de estos son los indicadores que permiten encontrar un coeficiente de relación de dos medidas, según La Asociación Española para la Calidad (2016) indicador es la reunión de datos que permite medir el desarrollo de los sistemas, e identificar de esta manera el cumplimiento de los objetivos estratégicos, existen diversos tipos de indicadores entre estos encontramos:

a. *Indicadores de cumplimiento*: estos buscan identificar el avance de ejecución y terminación de diversos procesos.
b. *Indicadores de evaluación:* estos están relacionados a medir el desempeño dentro de cada sistema y subsistema.
c. *Indicadores e eficiencia:* este relaciona a los recursos y su utilización.
d. *Indicadores de eficacia:* este indicador relaciona objetivos o metas y el proceso ejecutorio.
e. *Indicadores de gestión:* este mantiene su dirección respecto al ámbito administrativo o gerencial de los procesos del sistema.

3.2.7.1 Indicadores de gestión

Los indicadores de gestión otorgan la posibilidad de revisar si las acciones tomadas, están encaminadas hacia el éxito y cumplimiento de los objetivos del sistema general, en muchos casos sirven de pauta para tomar acciones correctivas, pues, generan información del desempeño gerencial y son un apoyo de control y este a su vez de encontrar la manera de mejorar, los indicadores deben ser medibles, entendibles y controlables (Camejo, 2012).

3.2.7.2 Indicadores financieros

Buscan relacionar dos elementos de la información financiera para evaluarla en respecto al desempeño financiero con relación a sus competidores dentro de un sector industrial Estos indicadores son clasificados dentro de cuatro grupos que son: liquidez, actividad, endeudamiento y rentabilidad que sirven para determinar promedios pasados y futuros basados en las condiciones financieras de la organización. (Koontz, Weihrich, & Cannice, 2012).

3.2.7.3 Indicadores de productividad

Los indicadores de gestión dentro de un sistema de producción es muy importante a razón de que gracias a estos se puede llevar un control de los ciclos y de los procesos del sistema (Salazar, 2016); estos diferentes tipos de indicadores usados dentro de las empresas ayudan en el proceso de evaluación del sistema de gestión de calidad, pues genera confianza y seguridad en el resultado que buscamos a nivel empresarial y dentro del sector textil. Los indicadores pueden variar acorde y según los requerimientos de la organización en donde se los emplee, los indicadores tradicionales se los utilizaba en su gran parte para obtener resultados que evaluaran el desempeño del área de ventas, producción, competitividad en el mercado, en la actualidad conocemos que para poder determinar indicadores de productividad se requiere definir un objetivo el mismo que justificara y este será en términos de calidad, cantidad y tiempo (Camejo, 2012).

La medición a la productividad se puede realizar tanto a nivel micro, es decir dentro de la empresa, pude ser de materiales, donde se evalúa el rendimiento y utilización de estos insumos; maquinas, el desempeño de la maquinaria, herramientas; mano de obra, mediciones respecto a métodos y procesos adquiridos y su desempeño al realizarlos; y administración, estos buscan evaluar los modelos de gestión. Sistemas, procesos que mejoren y generen valor (Sistemas para la gestión de la información y las comunicaciones estratégicas, 2011).

Productividad total

Su base radica en la eficiencia empresarial, de esta se vincula directamente dos clasificaciones: *1)* ratios de eficiencia productiva y *2)* de eficiencia económica. En los económicos, podemos entender como aquellos ratios financieros tales como, rentabilidad, rotación de inventarios, entre otros. Los del primer grupo están en relación a la producción y esta se sub clasifica en *1.a). Relación entre Cantidad del producto / Cantidad Utilizada de recurso. 1.b) Cantidad de producto producido / tiempo empleado* (Hidrobo et al., 2015); estos son los más conocidos y varían acorde al giro de la empresa.

Por otro lado al referirnos sobre productividad total se presenta a continuación la fórmula para el cálculo del ratio de productividad total anual (R.P.T.) según el Instituto Nacional de Estadistica y Geografía de México (2016):

(Fórmula 02: Productividad Total Anual)

$$\boldsymbol{R.P.T.} = \frac{valor\ de\ la\ produción\ total\ anual\ (VPTA)}{Costo\ total\ (CT)}$$

Desglosado:

$$R.P.T. = \frac{\sum qi \times pi}{\sum xj \times pj}\ donde:$$

qi= cantidad de los diferentes productos de la empresa.

pi= precio de mercado de los productos de la empresa.

xj= cantidad de mano de obra (medidas en horas hombre), materiales, energía, maquinaria (horas maquina), entre otros.

pj= precios unitarios a los que la empresa adquiere los distintos recursos *xj*.

Con esta fórmula como referencia, para la investigación se toma que, *valor de la producción total,* es el valor de los bienes que transformó, procesó o beneficio a la unidad económica durante el periodo de referencia (Instituto Nacional de Estadística y Geografía, 2016). Por lo tanto los datos necesarios para fines investigativos son: las ventas promedio, el precio promedio, el costo promedio por empresa, hay que tener en cuenta que dentro de la provincia de Tungurahua las empresas mantienen ciertos criterios de confidencialidad respecto a su información. La productividad total de la industria manufacturera del Ecuador medido por la relación producción total sobre insumos totales según el Instituto

Nacional de Estadísticas y Censo, alcanzó en el 2008 el nivel de 2,0 dólares por unidad de insumo (Anexo 03), siendo este el dato estándar de evaluación para el proyecto (Ruiz, 2012).

3.2.8 Eficiencia

La eficiencia busca dar el adecuado uso de los recursos disponibles (Eco-finanzas, 2016); busca obtener el máximo resultado mediante la utilización del mínimo de recursos o con los previstos. Cuando hablamos de recurso se hace referencia a todos aquellos materiales, fuerza de trabajo, factor tiempo, servicios básicos, entre otros, que incurren en el proceso productivo, una de las características de la eficiencia es ser medible, con uno o varios indicadores acorde a los requerimientos del sistema y los subsistemas, esto para, buscar ser competitivos y el control de recursos (Pérez, 2013).

(Fórmula 03: Eficiencia)

$$\boldsymbol{Eficiencia} = \frac{Recursos\ utilizados}{Total\ de\ recursos}$$

3.2.9 Eficacia

La eficacia busca alcanzar los objetivos propuestos dentro de un periodo determinado de tiempo y con la utilización de recursos disponibles, el diccionario de la RAE la define como la habilidad de llegar a obtener el efecto esperado, en ciertos casos se toma la palabra eficacia simplemente con relación directa al objetivo y hacer bien las cosas, pero si no se toma en cuenta el factor tiempo y recursos que significan rentabilidad, estamos frente a nada parecido con productividad (Definista, 2015).

(Fórmula 04: Eficacia)

$$\boldsymbol{Eficacia} = \frac{objetivos\ cumplidos}{Total\ de\ objetivos\ propuestos}$$

3.2.10 Efectividad

Es la combinación perfecta, eficacia y eficiencia a la vez, esto hace referencia a hacer bien las cosas es decir con el cumplimiento de los objetivos y optimizar los recursos disponibles, a continuación podemos observar en la figura cuatro con mayor claridad el propósito de la efectividad.

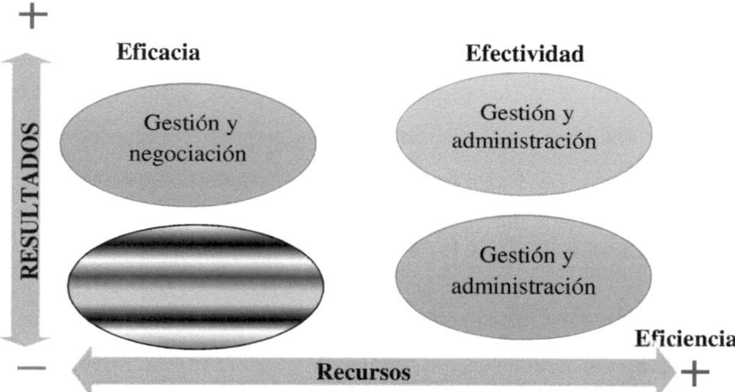

Figura 4: Efectividad
Fuente: Diccionario de administración de empresas.
Elaborado por: Evelyn Cepeda.

En la figura número cuatro podemos identificar como al combinar eficiencia y eficacia se logra incidir en la efectividad con recursos correctamente utilizados y objetivos cumplidos, si únicamente se trabaja basado en la eficacia, no se tiene una utilización óptima de los recursos y si por el contrario, trabajamos en base únicamente a los recursos, el esfuerzo por cumplir con los objetivos es nulo, la combinación de estas dos, es la que lo hace estar vinculada a la productividad y el correcto desempeño.

4. METODOLOGÍA

PARADIGMA DE INVESTIGACIÓN

El proyecto se basa en el constructivismo mismo que genera conocimiento mediante percepciones y pensamientos de los sujetos que la desarrollan, dado que busca responder a las necesidades e intereses del investigador, pese a ser un paradigma educativo es también una teoría que equipara al aprendizaje con la creación de significados a partir de experiencias. (Mendizabal, 2016).

Su aplicación dentro de la investigación esta expresada debido a la percepción y pensamiento de los investigadores como de los gerentes o propietarios en varios casos, de las empresas del sector textil de la provincia de Tungurahua.

ENFOQUE DE INVESTIGACIÓN

El enfoque cuantitativo busca estudiar el problema con el apoyo de herramientas estadísticas que nos ayudan a analizar datos y comprobar hipótesis (Infante, 2016).

La encuesta es la técnica establecida para hallar hechos, es decir, proporciona datos que son necesarios para la investigación, a tal razón es la herramienta clave de la investigación, pues generaremos resultados a base de la misma (Rodríguez, Pierdant y Rodríguez, 2011).

TIPO DE INVESTIGACIÓN

La **investigación descriptiva o deductiva** es una forma de estudio donde determinamos características de un grupo se lo puede considerar que posee una forma rígida (Rodríguez, Pierdant y Rodríguez, 2011); es también la parte de la estadística que se encarga con el uso de la aplicación de métodos y técnicas de conseguir, organizar, mostrar y describir los datos (Carvajal, 2013).

Su aplicación tiene como objetivo medir la relación del sistema de gestión de calidad y la productividad de las empresas del sector textil de la provincia y posteriormente identificar la correlación existente entre las dos variables.

Se aplicara también la **investigación de campo** pues con la cercanía hacia las empresas de la provincia se busca obtener el menor rango de error y de esta forma conseguir una investigación lo más próxima a la realidad de la provincia, para con esto, detectar si la calidad afecta a la productividad en el sector textil y claro, acompañada de la **investigación bibliográfica**, pues se necesita de sustentos investigativos anteriores e información documental relacionada al tema.

4.1 Población

La población es estudio, se refiere a quienes se va a estudiar, ostenta características y elementos que los vincula, estos pueden ser de toda naturaleza (Garriga et.al., 2010); dado la presente investigación nuestra población son las empresas de la provincia de Tungurahua del sector textil que poseen su sistema de Gestión de Calidad.

Dentro de la provincia de Tungurahua según los datos de registro que mantiene el Ministerio de Industrias y de la Productividad de la provincia se expresa que en Ambato se concentra la mayor actividad económica del sector textil en general de un total de 1881 hasta julio 2016, como se puede observar en la tabla número uno.

Tabla 1: Actividad económica por cantones

Etiquetas de fila	Empresas
AMBATO	1297
BAÑOS DE AGUA SANTA	14
CEVALLOS	14
MOCHA	5
PATATE	4
QUERO	8
SAN PEDRO DE PELILEO	463
SANTIAGO DE PILLARO	46
TISALEO	30
Total general	**1881**

Fuente: MIPRO, 2016.
Elaborado por: Evelyn Cepeda.

Ambato y San Pedro de Pelileo poseen el 69%, el 25% respectivamente, de esta forma señala que la actividad económica textil, se encuentra de manera mayoritaria en estos dos cantones, mientas que en Mocha y Patate sus actividades económicas no son exactamente dirigidas al sector textil, como se puede identificar en la figura número cinco.

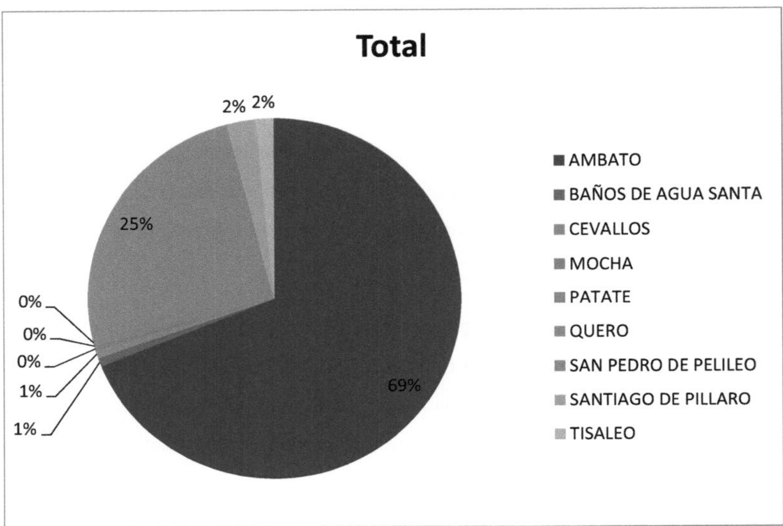

Figura 5: Concentración de actividad textil en Tungurahua
Fuente: MIPRO, 2016.
Elaborado por: Evelyn Cepeda.

4.2 Muestra

A esta se le caracteriza por ser una parte representativa de la población, dado que por diferentes factores no se puede estudiar toda la población tales como el económico o el tiempo, la forma de generar dicho muestreo son varias y es opcional para el investigador todo dependerá de cómo conciliar los datos de manera que la información obtenida nos genere resultados reales (Garriga et. al., 2010).

Para efectos de la investigación se tomara en cuenta que tipo de empresa es para Hernandez y Palafox (2012) una empresa es la entidad legal, economica, social y moral en la que inversionistas, empresarios e individuos capacitados se reunen con el objetivo de producir bienes y servicios que satisfacen una o varias necesidades de los individuos en el mercado que opera. Para la toma muestral, se clasifico según su patrimonio empresas privadas, según su actividad economica empresas de transformacion de la industria manufacturera del sector textil de Tungurahua, que posean nombre comercial, a razón de que sea una muestra representativa de la población dado que el nombre comercial a diferencia de la razon social no es obligatorio, pero las empresas lo utilizan para diferenciar su empresa de sus similares.

La recolección de datos se la realizará dentro de la provincia a un total de 1881 empresas que están legalmente registradas con su respectivo nombre comercial dentro del sector textil de la provincia de Tungurahua (Ministerio de Industrias y de la Productividad, 2016); aplicaremos la respectiva fórmula muestral para determinar el subconjunto representativo y finito de la población antes mencionada, donde esta permita hacer generalidades (Bernal, 2010). Para el cálculo de muestra se considera la fórmula:

(Fórmula 05: tamaño de la muestra)

$$n = \frac{\mathrm{N}Z^2pq}{(N-1)E^2 + Z^2\,pq}$$

Dónde:

n= tamaño de la muestra

N= población

Z=1.96 (Nivel de confianza 95%)

p=Equivalente a Probabilidad de éxito = 0,50

q=Fracaso = 0,50

e= Error máximo admitido=0,05

$$n = \frac{(1881)(1{,}96)^2 0{,}5 * 0{,}5}{(1881-1)0{,}05^2 + (1{,}96)^2\,0{,}5 * 0{,}5}$$

$$n = \frac{1806,5124}{5,6604}$$

$$n = 319,14 = \mathbf{320}$$

Se realizará 320 encuestas.

Aplicado de la siguiente manera:

Tabla 2: Encuestas y muestra

		Productividad Empresas Ambato	
		Frecuencia	Porcentaje
Índice de productividad	0,5 - 1,00	161	50,31
	1,01 – 1,50	130	40,63
	1,51 – 2,00	29	9,06
	Total	320	100,0

Fuente: Investigación.
Elaborado por: Evelyn Cepeda.

Tabla 3: Explicación de encuestas

Preguntas	Explicación
1. ¿Para qué? (objetivo)	Determinar el impacto del sistema de gestión de calidad y la productividad de las empresas de la provincia
2. ¿A qué personas vamos a aplicar?	Empresas del sector textil registradas legalmente en el MIPRO.
3. ¿Sobre qué aspectos?	Sistema de gestión de calidad, productividad dentro del sector textil, factores intervinientes.
4. ¿Quién?	La investigadora: Evelyn Cepeda
5. ¿Cuándo?	Mes de Noviembre, 2016
6. ¿En qué lugar?	Provincia de Tungurahua
7. ¿Con que técnicas?	La técnica a utilizar es la encuesta
8. ¿Con que instrumentos?	Cuestionario
9. ¿En qué situación?	Actual (2016)

Fuente: Investigación.
Elaborado por: Evelyn Cepeda.

El cuestionario está conformado por 13 preguntas (Anexo 1), el mismo que se encuentra distribuido de la siguiente forma:

Tabla 4: Atributos de las preguntas del cuestionario

Variable	Atributo	Número de preguntas
Sistema de gestión de la calidad	Clasificación	1
	Sistema de gestión de calidad	2
	Impacto SGC	1
	Barreras	1
Productividad empresarial	Factores de productividad	2
	Control de productividad	1
	Indicadores para medición	3
Relación entre las dos variables	Importancia	1
	Vínculo	1
	Total	**13**

Fuente: Investigación.
Elaborado por: Evelyn Cepeda

El cuestionario está enfocado en las dos variables principales de estudio, el sistema de gestión de calidad y la productividad, a su vez con relación a determinar factores intervinientes previamente conceptualizados.

El cuestionario posee tres preguntas que buscan información para poder medir la productividad empresarial del sector, las otras diez preguntas son de opción múltiple y buscan determinar factores del sistema de gestión de calidad y de igual forma de la productividad así como la relación de estas.

4.3 Validación del instrumento de recolección de información.

Para que un instrumento sea válido tiene que ser fiable es decir, tener un nivel de relación entre los ítems y esto se lo puede comprobar mediante distintos métodos estadísticos, el alfa de Cronbach es muy utilizada, el coeficiente este oscila entre 0 y 1, se considera que existe consistencia interna cuando el alfa es superior a 0,7 (Bojórquez, López, Hernández y Jiménez, 2013).

Tabla 5: Resumen del procesamiento de los casos

		N	%
Casos	Válidos	32	100,0
	Excluidos[a]	0	,0
	Total	**32**	**100,0**

(*)Nota: a. Eliminación por lista basada en todas las variables del procedimiento.
Fuente: Investigación.
Elaborado por: Evelyn Cepeda

Tabla 6: Estadísticos de fiabilidad

Alfa de Cronbach	**N de elementos**
0,702	11

Fuente: Encuestas a empresas del sector textil provincia de Tungurahua, 2016.
Elaborado por: Evelyn Cepeda.

Como se puede observar el coeficiente indica 0,702 el cual nos señala que el instrumento posee la consistencia interna y es válido para obtener la información necesaria.

4.4 Procesamiento de la información.

Los pasos para el procesamiento de la información se realizara de la siguiente forma:

- Revisión del instrumento para corregir o cambiar ítems y que sea de fácil comprensión para los encuestados.
- Recopilación de información y revisión de datos.
- Codificación de la información obtenida.
- Tabulación de datos mediante representaciones estadísticas.
- Manejo de la información para reajustar y facilitar la comprensión de datos obtenidos, sin que esto influya de forma significativa en los análisis.
- Estudio estadístico comparativo mediante el estadístico de prueba chi-cuadrado y correlaciones.
- Interpretación de resultados.
- Establecer conclusiones y recomendaciones.

5. RESULTADOS

5.1 Pregunta 1. Sistema de gestión de calidad en las empresas

Tabla 7: Sistema de gestión de calidad

		Frecuencia	Porcentaje	Porcentaje válido	Porcentaje acumulado
Válidos	No	272	85,0	85,0	85,0
	Si	48	15,0	15,0	100,0
	Total	**320**	**100,0**	**100,0**	

Fuente: Encuestas a empresas del sector textil provincia de Tungurahua, 2016.
Elaborado por: Evelyn Cepeda.

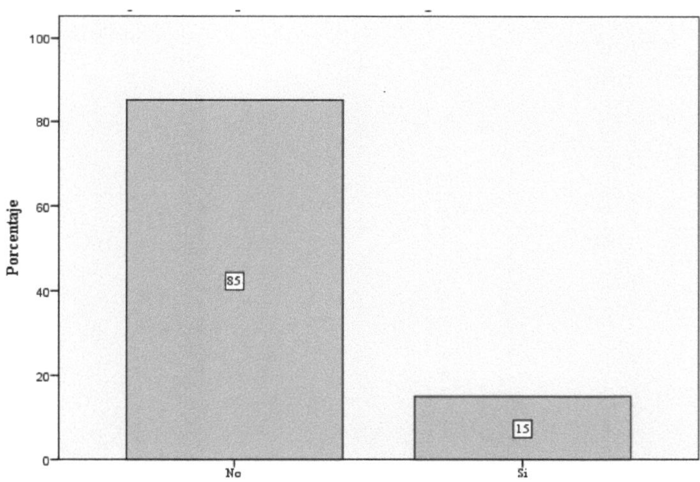

Figura 6: Existencia del sistema de gestión de calidad (Madurez)
Fuente: Encuestas a empresas del sector textil provincia de Tungurahua, 2016.
Elaborado por: Evelyn Cepeda.

Análisis

Al encuestar se evidenció que el 85% de las empresas no poseen sistema de gestión de calidad y apenas el 15% considera que si lo tiene del total de la muestra poblacional.

Interpretación:

Se puede evidenciar que el 85 % de la muestra poblacional, no posee un sistema de gestión de calidad y apenas el 15% si lo tiene o considera tenerlo, pues pocos son los que poseen certificación ISO 9001:2008 o la versión 2015 debido a la escasa motivación al sector por parte de las autoridades, así también por costes de inversión que muchas empresas pequeñas no poseen.

5.2 Pregunta 2. Estándares de calidad en las empresas.

Tabla 8: Uso de estándares de calidad en las empresas

		Frecuencia	Porcentaje	Porcentaje válido	Porcentaje acumulado
Válidos	no	107	33,4	33,4	33,4
	si	213	66,6	66,6	100,0
	Total	**320**	**100,0**	**100,0**	

Fuente: Encuestas a empresas del sector textil provincia de Tungurahua, 2016.
Elaborado por: Evelyn Cepeda.

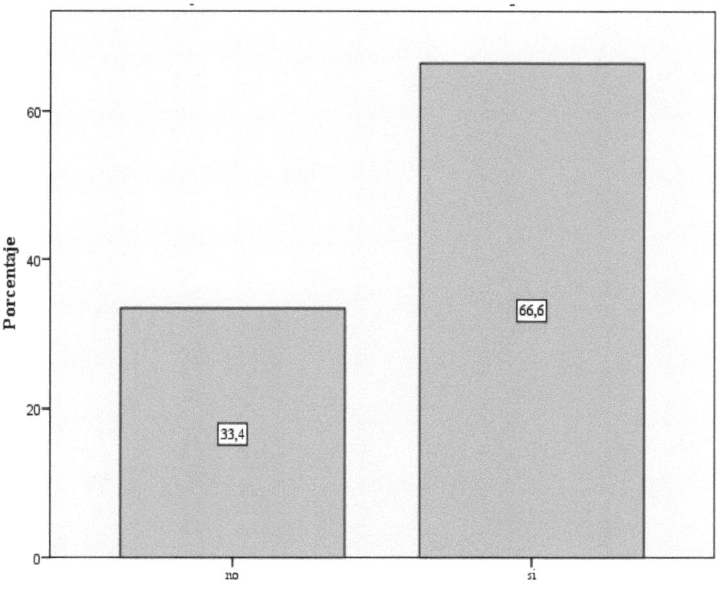

Figura 7: Uso de estándares de calidad en las empresas
Fuente: Encuestas a empresas del sector textil provincia de Tungurahua, 2016.
Elaborado por: Evelyn Cepeda.

Análisis:

Se encontró que el 33,4% de empresas no manejan estándares de calidad y el 66,6% considera que si manejan estándares de calidad dentro de sus empresas, es decir, más del 50% si trabajan con estándares de calidad.

Interpretación:

Mediante la siguiente podemos encontrar que pese a que no existe un número considerable de empresas con sistemas de gestión de calidad, más de la mitad de la muestra señaló que maneja estándares de calidad, lo cual nos señala que las empresas dentro de la provincia buscan generar calidad de forma empírica.

5.3 Pregunta 3. Incremento de productividad por uso de estándares de calidad en las empresas

Tabla 9: Incremento de la productividad de la empresa por el uso de estándares enfocados a la calidad

		Frecuencia	Porcentaje	Porcentaje válido	Porcentaje acumulado
Válidos	Nada	48	15,0	15,0	15,0
	Poco	152	47,5	47,5	62,5
	medianamente	31	9,7	9,7	72,2
	Mucho	89	27,8	27,8	100,0
	Total	**320**	**100,0**	**100,0**	

Fuente: Encuestas a empresas del sector textil provincia de Tungurahua, 2016.
Elaborado por: Evelyn Cepeda.

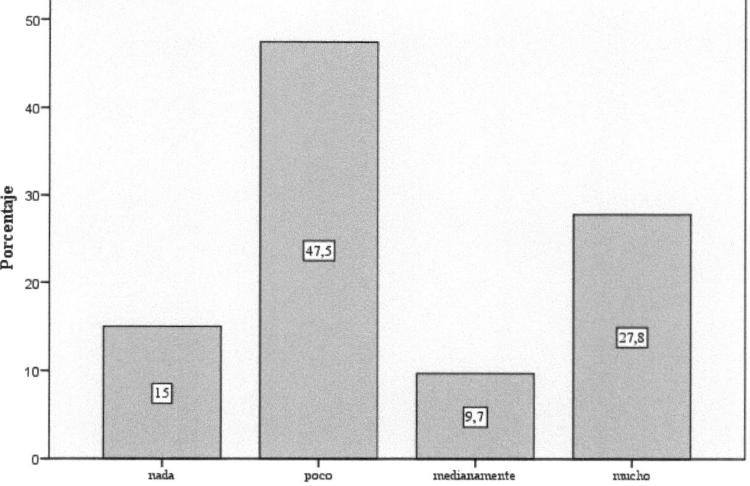

Figura 8: Incremento de la productividad de la empresa por el uso de estándares enfocados a la calidad.
Fuente: Encuestas a empresas del sector textil provincia de Tungurahua, 2016.
Elaborado por: Evelyn Cepeda.

Análisis:

El 15% de las empresas consideran que nada incide la productividad con el uso de estándares de calidad, el 47,5% consideró que es poca la incidencia, el 9,7% medianamente incidente y el 27,8% consideró que incidencia es alta.

Interpretación:

Las empresas de la provincia de Tungurahua consideran que el uso de los estándares de calidad poco incide en la productividad de las mismas, esto se evidencia con el 47,5% de las respuestas, apenas el 27,8% considera que es alta la incidencia debido a que existen otros factores que mantienen relación a la productividad. Por tanto, consideran que incide poco la calidad en la productividad.

5.4 Pregunta 4. Impacto del sistema de gestión de calidad en las empresas

Tabla 10: Sistema de Gestión de Calidad y su impacto

		¿Cuenta la empresa con un sistema de gestión de calidad?					
		No		**Si**		**Total**	
		Recuento	**% del N de la columna**	**Recuento**	**% del N de la columna**	**Recuento**	**% del N de la columna**
Qué tipo de impacto tendría trabajar en base a un sistema de gestión de calidad: (operaciones)	nada	33	12%	10	21%	43	13,4%
	poco	3	1%	1	2%	4	1,3%
	medio	120	44%	17	35%	137	42,8%
	alto	116	43%	20	42%	136	42,5%
	Total	272	100%	48	100%	320	100,0%
Qué tipo de impacto tendría trabajar en base a un sistema de gestión de calidad: (económico)	nada	3	1%	0	0%	3	0,9%
	poco	100	37%	11	23%	111	34,7%
	medio	14	5%	17	35%	31	9,7%
	alto	155	57%	20	42%	175	54,7%
	Total	272	100%	48	100%	320	100,0%
Qué tipo de impacto tendría trabajar en base a un sistema de gestión de calidad: (trabajadores)	nada	118	43%	10	21%	128	40,0%
	poco	129	47%	1	2%	130	40,6%
	medio	25	9%	0	0%	25	7,8%
	alto	0	0%	37	77%	37	11,6%
	Total	272	100%	48	100%	320	100,0%
Qué tipo de impacto tendría trabajar en base a un sistema de gestión de calidad: (clientes)	nada	45	17%	0	0%	45	14,1%
	poco	50	18%	1	2%	51	15,9%
	medio	63	23%	16	33%	79	24,7%
	alto	114	42%	31	65%	145	45,3%
	Total	272	100%	48	100%	320	100,0%
Qué tipo de impacto tendría trabajar en base a un sistema de gestión de calidad: (imagen)	nada	127	47%	0	0%	127	39,7%
	poco	31	11%	11	23%	42	13,1%
	medio	100	37%	17	35%	117	36,6%
	alto	14	5%	20	42%	34	10,6%
	Total	272	100%	48	100%	320	100,0%
Qué tipo de impacto tendría trabajar en base a un sistema de gestión de calidad: (productos y servicios)	nada	45	17%	0	0%	45	14,1%
	poco	64	24%	11	23%	75	23,4%
	medio	149	55%	17	35%	166	51,9%
	alto	14	5%	20	42%	34	10,6%
	Total	272	100%	48	100%	320	100,0%

Fuente: Encuestas a empresas del sector textil provincia de Tungurahua, 2016.
Elaborado por: Evelyn Cepeda.

Análisis:

El 13,4% de las empresas considera que no tiene ningún impacto sobre las operaciones el trabajar en base a un sistema de gestión de calidad, el 1,3% considera que es poco el impacto, el 42,8% es medio el impacto en las operaciones y el 42,5% de las empresas considera que el impacto es alto en las operaciones al trabajar basados al sistema de gestión de calidad.

El 0,9% de las empresas encuestadas, considera que trabajar en base a un sistema de gestión de calidad no tiene ningún impacto sobre lo económico, el 34,7% considera que es poco el impacto, el 9,7% considera que es media y mientras que el 54,7% considera que el impacto es alto sobre lo relacionado a lo económico.

El 40% de las empresas consideró que el impacto en nulo en los trabajadores al desarrollar un sistema de gestión de calidad, el 40,6% expreso que es poco, el 7,8% es medio y el 11,6% considero que el impacto es alto en los trabajadores respecto al sistema de gestión de calidad.

El 14,1% de las empresas consideran que no existe ningún impacto sobre los clientes respecto al uso del sistema de gestión de calidad, el 15,9% consideró que es poco el impacto, el 24,7% expreso que es medio el nivel de impacto y el 45,3% considera que el nivel de impacto en los clientes es alto.

El 39,7% de las empresas considera que el trabajar en base al sistema de gestión de calidad no tiene ningún impacto sobre la imagen de la empresa, el 13,1% considera que el impacto es poco, el 36,6% considera que el impacto es medio y el 10,6% expreso que trabajar en base al sistema de gestión de calidad tiene un alto nivel de impacto sobre la imagen de la empresa.

El 14,1% considera que no tiene ningún tipo de impacto el trabajar con base al sistema de gestión de calidad sobre los productos y servicios, el 23,4% expreso que es poco, el 51,9% es medio y el 10,6% el nivel de impacto es alto en los productos y servicios a razón del uso del sistema de gestión de calidad.

Interpretación:

Las empresas de la muestra poblacional, consideran que al trabajar en base a un sistema de gestión de calidad tiene medio y alto nivel de impacto dentro de las operaciones, esto debido a que actualmente en varias empresas los sistemas de producción no poseen sistematizaciones y manejan errores de producción que representan tiempos y costos.

Respecto al impacto de trabajar en base a un sistema de gestión de calidad y lo económico, más de la mitad de la muestra poblacional el 54,7% consideró que, su impacto es alto, mientras que apenas el 34,7% consideró que el impacto es poco, lo cual nos da un indicio de que la población muestral considera que si impacta el sistema de gestión de calidad dentro de los flujos económicos de las empresas.

Las empresas de la muestra poblacional, consideran que al trabajar en base a un sistema de gestión de calidad tiene poco o casi nada de impacto dentro de estas, esto debido a que en la provincia existen en gran parte gerentes- propietarios de las empresas los cuales al gestionar recursos no toman la debida importancia respecto al talento humano.

Las empresas de la muestra poblacional, consideran que al trabajar en base a un sistema de gestión de calidad tiene alto nivel de impacto para los clientes, los cuales buscan calidad pero también bajos costos.

Las empresas de la muestra poblacional, consideran que al trabajar en base a un sistema de gestión de calidad el nivel de impacto varia, según los casos pues, el 39,7% considera que no tienen nada de impacto, mientras que el 36,6% considera que el impacto es medianamente respecto a la imagen de la empresa y se debe tomar en cuenta que una buena reputación genera confiabilidad dentro del sector.

Las empresas de la muestra poblacional, el 51,9 % consideran que al trabajar en base a un sistema de gestión de calidad tiene un nivel de impacto medio en los productos y servicios, es así que se puede identificar ,que más de la mitad de las empresas están conscientes que la calidad es apreciable en el producto final.

5.10 Pregunta 5. Barreras de Implementación de un sistema de gestión de calidad en las empresas

Tabla 11: Barreras de implementación del sistema de gestión de calidad

		Frecuencia	Porcentaje	Porcentaje válido	Porcentaje acumulado
Válidos	Retrasos o escasos procesos en las operaciones	71	22,2	22,3	22,3
	Altos costes en los resultados económicos	195	60,9	61,1	83,4
	Los clientes no lo solicitan	36	11,3	11,3	94,7
	La imagen es reconocida	1	0,3	0,3	95,0
	Nuestros productos y servicios son excelentes	16	5,0	5,0	100,0
	Total	319	99,7	100,0	
Perdidos	Sistema	1	0,3		
Total		**320**	**100,0**		

Fuente: Encuestas a empresas del sector textil provincia de Tungurahua, 2016.
Elaborado por: Evelyn Cepeda.

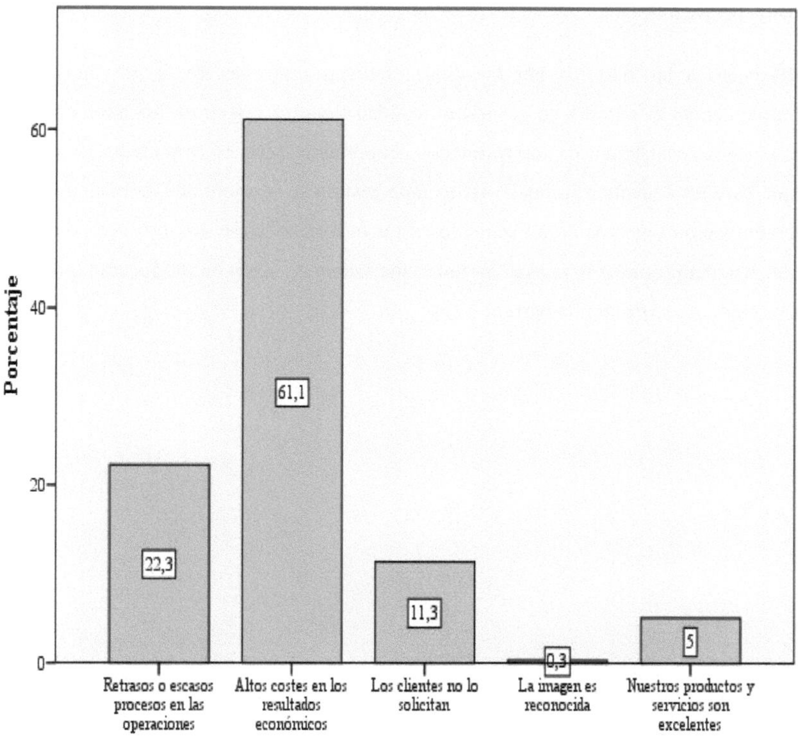

Figura 9: Barreras de implementación del sistema de gestión de calidad
Fuente: Encuestas a empresas del sector textil provincia de Tungurahua, 2016.
Elaborado por: Evelyn Cepeda.

Análisis:

El 22,3% de las empresas consideran que no implementan el sistema de gestión de calidad debido a los retrasos o escasos procesos en las operaciones, el 61,1% considera que son los altos costes en los resultados económicos, el 11,3% es porque los clientes no lo solicitan, el 0,3% expreso que es debido a que la imagen de la empresa es reconocida y el 5% considera que es porque sus productos y servicios son excelentes.

Interpretación:

Respecto a las barreras por las cuales muchas empresas de la provincia no implementan el sistema de gestión de calidad tiene su origen en los altos costes que estos representan en los resultados económicos, pues es importante recalcar que para implementar un nuevo sistema de gestión se requiere de una inversión, a continuación tenemos como segundo factor el retraso o escasos procesos dentro del sistema productivo, pues al no tener una sistematización en producción esto se convierte a su vez en una barrera.

5.11 Pregunta 6. Factores que representan problemas a la productividad empresarial.

Tabla 12: Factores que representa problemas a la productividad dentro de la empresa

		Frecuencia	Porcentaje	Porcentaje válido	Porcentaje acumulado
Válidos	Instalaciones	33	10,3	10,3	10,3
	Relación con sus compañeros	1	0,3	0,3	10,6
	políticas sobre las cuales se rigen los miembros de una organización	28	8,8	8,8	19,4
	factores económicos nacionales	202	63,1	63,1	82,5
	factores sociales	13	4,1	4,1	86,6
	problemas personales fuera de la organización que afectan su desempeño	14	4,4	4,4	90,9
	capacitación (educación)	29	9,1	9,1	100,0
	Total	**320**	**100,0**	**100,0**	

Fuente: Encuestas a empresas del sector textil provincia de Tungurahua, 2016.
Elaborado por: Evelyn Cepeda.

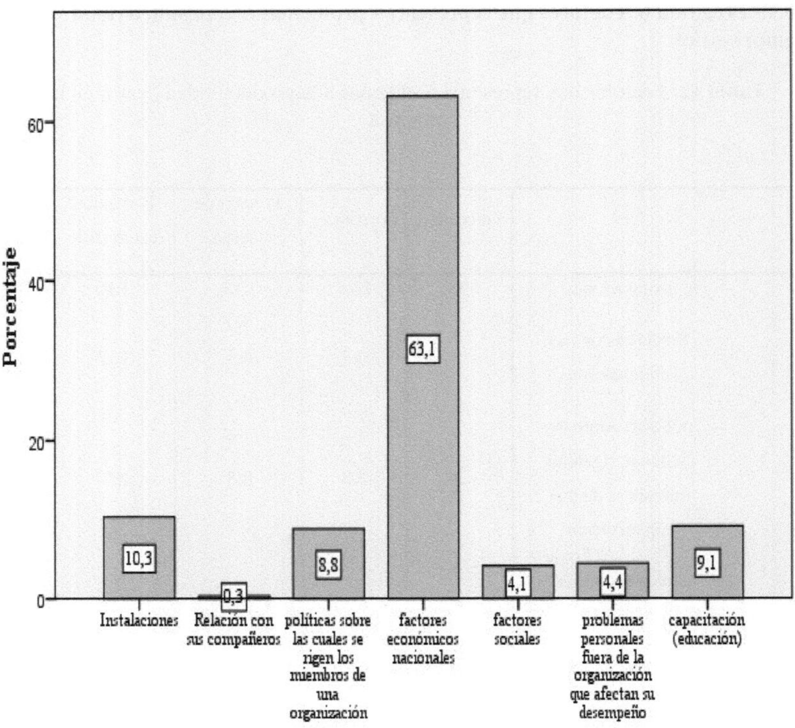

Figura 10: Factores que representa problemas a la productividad dentro de la empresa
Fuente: Encuestas a empresas del sector textil provincia de Tungurahua, 2016.
Elaborado por: Evelyn Cepeda.

Análisis:

El 10,3% de las empresas considera que el factor que representa mayor problema dentro de su empresa son las instalaciones, el 0,3% es la relación con sus compañeros, el 8,8% considera que son las políticas sobre las cuales se rigen los miembros de la organización, el 63,1% considera que son los factores económicos nacionales, el 4,1% factores sociales, el 4,4% expreso que son los problemas fuera de la organización los que afectan el desempeño y el 9,1% considera que es la capacitación en mayor problema dentro de la empresa.

Interpretación:

La empresas del sector textil de la provincia respecto a la población maestral, encontramos que el 63,1% considera que los factores económicos nacionales representan problemas a la productividad de las empresas, esto debido a la situación económica actual dentro del Ecuador, pero pese a encontrarse en una situación negativa los ecuatorianos y en especial la provincia de Tungurahua se caracteriza por su espíritu emprendedor y ganas de superación.

5.12 Pregunta 7. Aspectos influyentes en la productividad en las empresas

Tabla 13: Aspectos que influyen en la productividad a la hora de trabajar en la empresa

		Frecuencia	Porcentaje	Porcentaje válido	Porcentaje acumulado
Válidos	Ambiente de trabajo	18	5,6	5,6	5,6
	Recursos de trabajo	35	10,9	10,9	16,6
	Relación con los compañeros	3	0,9	0,9	17,5
	Edad -Experiencia	117	36,6	36,6	54,1
	Estándares de trabajo	40	12,5	12,5	66,6
	Capacitaciones por parte de la empresa	107	33,4	33,4	100,0
	Total	**320**	**100,0**	**100,0**	

Fuente: Encuestas a empresas del sector textil provincia de Tungurahua, 2016.
Elaborado por: Evelyn Cepeda.

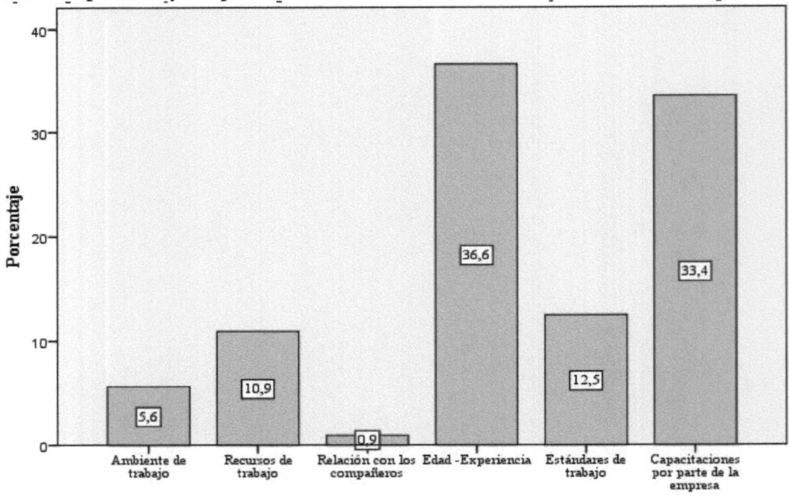

Figura 11: Aspectos que influyen en la productividad a la hora de trabajar en la empresa
Fuente: Encuestas a empresas del sector textil provincia de Tungurahua, 2016.
Elaborado por: Evelyn Cepeda.

Análisis:

El 5,6% de las empresas considera que el aspecto que más influye en la productividad a la hora de trabajar dentro de la empresa es el ambiente de trabajo, el 10,9% expreso que son los recursos de trabajo, el 0,9% considera que es la relación con los compañeros, el 36,6% considera que el factor con mayor influencia es la Edad- Experiencia, el 12,5% dijo que son los estándares de trabajo y el 33,4% son las capacitaciones por parte de la empresa las que influyen de mayor forma en la productividad a la hora de trabajar dentro de la empresa.

Interpretación:

Los aspectos con mayor influencia en la productividad a la hora de trabajar en las empresas, se encuentran en la edad y experiencia esto según el 36,6 % de empresas encuestadas, así también con un 33,4% consideran que la capacitación por parte de las empresas es un aspecto influyente en la productividad.

5.13 Pregunta 8. Métodos de control en las empresas

Tabla 14: Métodos de control adecuados para el máximo desempeño

		Frecuencia	Porcentaje	Porcentaje válido	Porcentaje acumulado
Válidos	poco	50	15,6	15,6	15,6
	medianamente	105	32,8	32,8	48,4
	mucho	165	51,6	51,6	100,0
	Total	**320**	**100,0**	**100,0**	

Fuente: Encuestas a empresas del sector textil provincia de Tungurahua, 2016.
Elaborado por: Evelyn Cepeda.

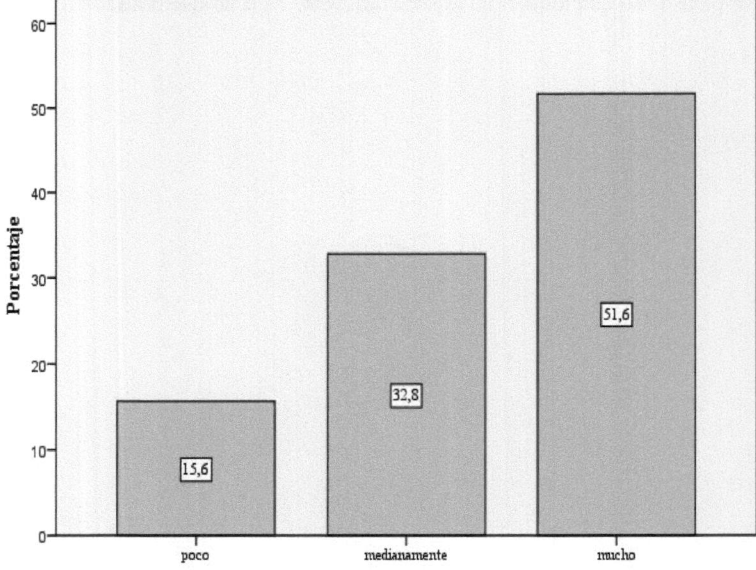

Figura 12: Métodos de control adecuados para el máximo desempeño
Fuente: Encuestas a empresas del sector textil provincia de Tungurahua, 2016.
Elaborado por: Evelyn Cepeda.

Análisis:

El 15,6% de las empresas considera que no son proporcionados métodos de control adecuados para lograr un desempeño máximo con un mínimo de gasto de tiempo y esfuerzo, el 32,8% expreso que es medianamente proporcionados los métodos y el 51,6% considera que si son varios los métodos de control adecuados para lograr un desempeño máximo con un mínimo de gasto de tiempo y esfuerzo.

Interpretación:

Según los datos muestrales, podemos observar que el 51,6 % de las empresas encuestadas, consideran que proporcionan métodos de control para maximizar el desempeño, con la reducción de esfuerzo y tiempo, esto muestra que las empresas buscan una gestión basada en mediciones y esto a su vez un control sobre los recursos.

5.14 Pregunta 12. Importancia del sistema de gestión de calidad y la productividad en las empresas

Tabla 15: Importancia de los sistemas de gestión de calidad y la productividad en la empresa

		Frecuencia	Porcentaje	Porcentaje válido	Porcentaje acumulado
Válidos	Poco	69	21,6	21,6	21,6
	Mucho	251	78,4	78,4	100,0
	Total	**320**	**100,0**	**100,0**	

Fuente: Encuestas a empresas del sector textil provincia de Tungurahua, 2016.
Elaborado por: Evelyn Cepeda.

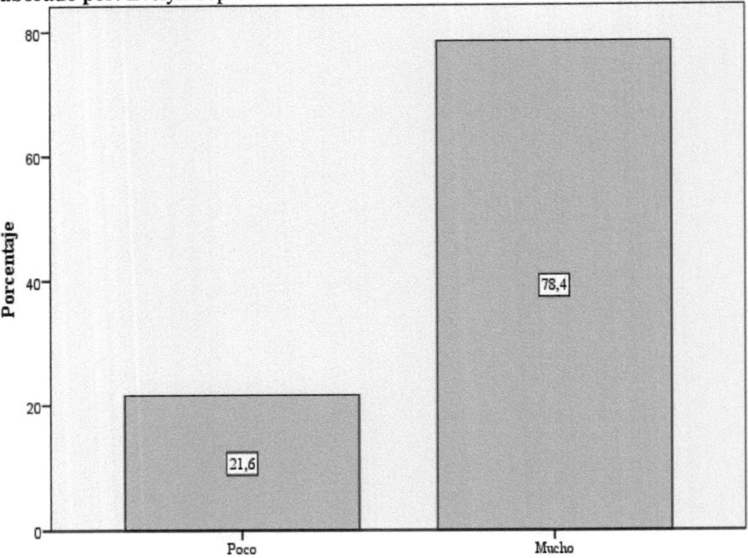

Figura 13: Importancia de los sistemas de gestión de calidad y la productividad en la empresa
Fuente: Encuestas a empresas del sector textil provincia de Tungurahua, 2016.
Elaborado por: Evelyn Cepeda.

Análisis:

El 21,6% de las empresas considera que es poca la importancia del sistema de gestión de calidad y la productividad para la empresa, el 78,4% considera que el sistema de gestión de calidad y la productividad son muy importantes para la empresa.

Interpretación:

El 78,4% considera que es muy importante para le empresa el sistema de gestión de calidad y la productividad, apenas el 21,6 % considera que es poca la importancia de estos. Esto pese a que más de la mitad señaló que no cuentan con un sistema de gestión de calidad, lo cual muestra que estas podrían optar por un sistema de gestión de calidad para futuro.

5.15 Pregunta 13. Relación del sistema de gestión de calidad y la productividad en las empresas

Tabla 16: Relación entre el sistema de gestión de calidad y la productividad en la empresa

		Frecuencia	Porcentaje	Porcentaje válido	Porcentaje acumulado
Válidos	Nada	3	0,9	0,9	0,9
	Poco	77	24,1	24,1	25,0
	Mucho	240	75,0	75,0	100,0
	Total	**320**	**100,0**	**100,0**	

Fuente: Encuestas a empresas del sector textil provincia de Tungurahua, 2016.
Elaborado por: Evelyn Cepeda.

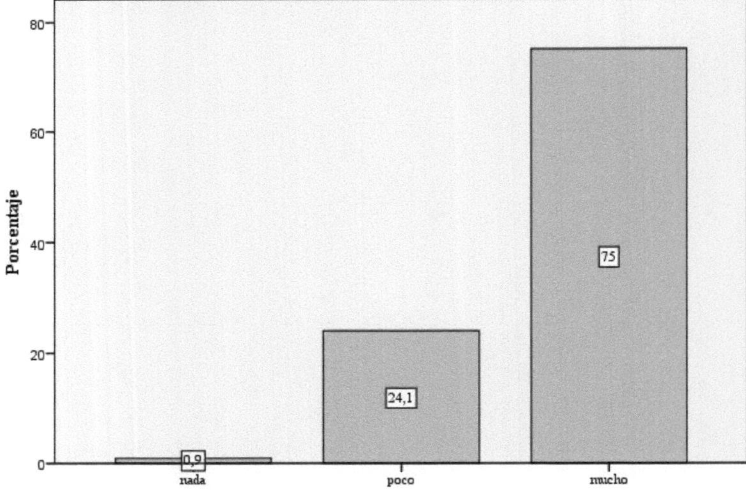

Figura 14: Relación entre el sistema de gestión de calidad y la productividad en la empresa
Fuente: Encuestas a empresas del sector textil provincia de Tungurahua, 2016.
Elaborado por: Evelyn Cepeda.

Análisis:

El 0,9% de las empresas considera que no están nada relacionados el sistema de gestión de calidad y la productividad dentro de la empresa, el 24,1% expresa que es poca la relación y el 75% considera que la relación entre el sistema de gestión de calidad y la productividad es mucha dentro de la empresa.

Interpretación:

Según los datos muestrales, podemos observar que el 75 % de las empresas encuestadas, consideran que si existe una relación entre la productividad y el sistema de gestión de calidad, el 24,1 % considera que es poca la relación y apenas el 0,9 % piensa que no existe relación alguna, por lo tanto se puede considerar según esta apreciación que el sistema de gestión de calidad incide en la productividad de la empresa.

5.16 Preguntas 9, 10,11. Cálculos

Tabla 17: Estadísticos

		Indique el costo promedio de su producción y el periodo de tiempo	Indique el precio promedio de su producción y el periodo de tiempo	Indique el monto o cantidad de ventas de su producción y el periodo de tiempo
N	Válidos	320	320	320
	Perdidos	0	0	0
Media		$5.714,06	$6.561,56	$7.878,13
Moda		$1.000	$1.500	$1,000
Suma		$1 828.500	$2 099.700	$2 521.000

Fuente: Encuestas a empresas del sector textil provincia de Tungurahua, 2016.
Elaborado por: Evelyn Cepeda.

Los valores encontrados dentro de la investigación dieron como resultados que el valor con más frecuencia fue en costo promedio mil, en precio promedio mil quinientos, en ventas mil. La media de los datos encontrados fue de $5 714,06 en costo promedio, $6.561,56 precio promedio y $7.878,13 ventas promedio. Estos datos fueron utilizados para la respectiva medición de la productividad de las empresas que tienen y las que no sistema de gestión de calidad.

Tabla 18: Suma de totales según clasificación

Etiquetas de fila	Suma de Costo	Suma de Precio	Suma de Ventas
No	483500	569200	582500
Si	1345000	1530500	1938500
Total general	**1828500**	**2099700**	**2521000**

Fuente: Encuestas a empresas del sector textil provincia de Tungurahua, 2016.
Elaborado por: Evelyn Cepeda.

Aquí vamos a utilizar la fórmula 01 y remplazamos valores, por tanto las ventas representan al total del sistema productivo y el costo a los recursos utilizados.

(Fórmula 01: Productividad)

$$Productividad = \frac{Sistema\ Productivo}{recursos\ utilizados}$$

Para calcular de las empresas que si lo tienen sistema de gestión de calidad, remplazamos valores:

$$Productividad^1 = \frac{1938500}{1345000}$$

$$Productividad^1 = 1{,}4412$$

Para calcular de las empresas que no tiene sistema de gestión de calidad:

$$Productividad^2 = \frac{582500}{483500}$$

$$Productividad^2 = 1{,}2047$$

Aquí podemos encontrar la diferencia en el cálculo matemático de la productividad de los dos casos, en las empresas que si tienen sistema de gestión de calidad, encontramos el 1,44 mientras que, en las que no lo tienen es de 1,20, lo cual indica que al trabajar con un sistema de gestión de calidad dentro de la empresa esta es mayormente productiva.

5.17 Relación entre las variables

Sistema de calidad y la productividad de la empresa.

Para poder afirmar que el uso del sistema de gestión de calidad es determinante para la productividad de la empresa, se realizó la prueba de Ji cuadrada, para la cual se determinó las siguientes hipótesis.

5.17.1 Hipótesis

Hipótesis nula:

H_0: el sistema de gestión de calidad NO incide en la productividad de las empresas del sector textil de la provincia de Tungurahua.

Hipótesis alternativa:

H1: el sistema de gestión de calidad SI incide en la productividad de las empresas del sector textil de la provincia de Tungurahua.

Nivel de significancia:

En la investigación se trabajó con un nivel de significancia del 5%, que indica que existe una probabilidad del 95% de que la hipótesis nula sea verdadera.

Tabla 19: Tabla de contingencia

Tabla de contingencia			¿Cuenta la empresa con un sistema de gestión de calidad? No	Si	Total
Ha incrementado la productividad de su empresa por el uso de estándares enfocados a la calidad?	nada	Recuento	48	0	48
		Frecuencia esperada	40,8	7,2	48,0
		%	17,6%	,0%	15,0%
	poco	Recuento	152	0	152
		Frecuencia esperada	129,2	22,8	152,0
		%	55,9%	,0%	47,5%
	medianamente	Recuento	14	17	31
		Frecuencia esperada	26,4	4,7	31,0
		%	5,1%	35,4%	9,7%
	mucho	Recuento	58	31	89
		Frecuencia esperada	75,7	13,4	89,0
		%	21,3%	64,6%	27,8%
Total		Recuento	272	48	320
		Frecuencia esperada	272,0	48,0	320,0
		%	100,0%	100,0%	100,0 %

Fuente: Encuestas a empresas del sector textil provincia de Tungurahua, 2016.
Elaborado por: Evelyn Cepeda.

Tabla 20: Pruebas de chi-cuadrado

	Valor	gl	Sig. asintótica (bilateral)
Chi-cuadrado de Pearson	101,336[a]	3	,000
Razón de verosimilitudes	112,791	3	,000
N de casos válidos	320		

Nota: a. 1 casillas (12,5%) tienen una frecuencia esperada inferior a 5. La frecuencia mínima esperada es 4,65.
Fuente: Encuestas a empresas del sector textil provincia de Tungurahua, 2016.
Elaborado por: Evelyn Cepeda.

5.17.2 Decisión estadística

Luego de realizado la prueba del estadístico, se encontró que nos da 0,00 el cual es menor a 0,05 del nivel de significancia, lo que permite rechazar la hipótesis nula y aceptar la hipótesis alternativa, donde se afirma que, el sistema de gestión de calidad si incide en la productividad dentro de las empresas de la provincia de Tungurahua.

Correlaciones:

Para identificar si las variables el sistema de gestión de calidad y la productividad empresarial tienen relación se utilizó el test de correlación de Spearman, mediante el uso del programa SPSS, para señalar en nivel de significancia el coeficiente de correlación debe ser mayor a *Sig. (bilateral)=0,00.* Para el caso estudiado, el coeficiente es: tabla 21 (0,665) y para la tabla 22 (0,513).

Con lo cual se puede expresar que en ambos casos la relación de las variables es significativa, dando como resultado que la productividad empresarial del sector textil de Tungurahua tiene relación tanto con el uso de estándares de calidad como con la implementación del sistema de gestión de calidad.

Tabla 21: Prueba de correlación 1, (Productividad y SGC).

Productividad y el Sistema de gestión de calidad			
			¿Cuenta la empresa con un sistema de gestión de calidad?
Productividad	Correlación de Pearson		0,665**
	Sig. (bilateral)		,000
	N	320	320
**. La correlación es significativa al nivel 0,01 (bilateral).			

Fuente: Encuestas a empresas del sector textil provincia de Tungurahua, 2016.
Elaborado por: Evelyn Cepeda.

Se observa que la productividad y el uso de sistema de gestión de calidad tienen una relación significativa de carácter positivo, dado que al ser el sistema de gestión de calidad un instrumento gerencial de gran aporte dentro de la empresa está directamente relacionado con la productividad.

Tabla 22: Prueba de correlación 2, (Productividad y uso del SGC).

Uso del sistema de gestión de calidad y la productividad			
			¿Ha incrementado la productividad de su empresa por el uso de estándares enfocados a la calidad?
Productividad	Correlación de Pearson		0,513**
	Sig. (bilateral)		,000
	N	320	320
**. La correlación es significativa al nivel 0,01 (bilateral).			

Fuente: Encuestas a empresas del sector textil provincia de Tungurahua, 2016.
Elaborado por: Evelyn Cepeda.

Las empresas del sector textil en la provincia de Tungurahua según los datos analizados podemos expresar que el uso del sistema de gestión de calidad es una de las herramientas que buscan incrementar la productividad debido a sus diversos factores que se encuentran inmersos dentro de este como lo indica la normativa ISO 9001-2015.

6. CONCLUSIONES

El sistema de gestión de calidad beneficia aspectos como: financieros, operativos, comerciales y costos. Este sistema internamente relaciona aspectos de: satisfacción y seguridad, ausentismo, salarios, fiabilidad de las operaciones, entregas oportunas, cumplimiento en pedidos, reducción de errores y rotación de existencias; en lo externo, asocia a: satisfacción de clientes, quejas y reclamaciones, compras, cuota de mercado, rendimiento de ventas y activos. La productividad desde un enfoque matemático es el resultado del sistema productivo sobre la cantidad de recursos utilizados. La productividad, inicia con la eficiencia y busca mayor rendimiento con el mínimo de recursos además en la productividad está inmersa la eficacia cuyo propósito es conseguir los objetivos propuestos.

Se identificó mediante la investigación que las empresas que tienen sistema de gestión de calidad tiene un índice de productividad del 1,44 mientras que las que no lo tenían un índice de 1,20 es decir que existe diferencia esto en base al índice de productividad total de la industria manufacturera del Ecuador medido por la relación producción total sobre insumos totales que consta en CIIU3, numeral 17 según el Instituto Nacional de Estadísticas y Censo proporciona el estándar de 2,0 dólares por unidad de insumo.

Concluyó que al relacionar el sistema de gestión de calidad y la productividad mediante la prueba estadística se evidenció que si tienen incidencia el sistema de gestión de calidad en la productividad de las empresas del sector textil de la provincia de Tungurahua.

7. RECOMENDACIONES

Las empresas deberían tomar en cuenta la importancia del sistema de gestión de calidad, pues es uno de los muchos factores que buscan incrementar la productividad dentro de las empresas del sector textil de la provincia de Tungurahua, pues busca mejorar procesos y evitar desperdicios mediante el control y la planeación.

La capacitación al sector textil en temas de calidad y productividad serían ejes en beneficio propio, pues de esta manera se suprimiría brechas de confusión en estos dos ámbitos y de esta forma crear una ventaja competitiva mediante la gestión de calidad dentro del sector textil.

Las empresas del sector textil de la provincia de Tungurahua, deberían ser motivadas a trabajar con un enfoque en calidad, donde el costo- beneficio sea atractivo para el sector mediante diversas estrategias de gestión.

8. BIBLIOGRAFÍA

Aguilar, P. (2012). Un modelo de clasificación de inventarios para incrementar el nivel de servicio al cliente y la rentabilidad de la empresa. *Scielo pensamiento y gestión*, 142-164. Recuperado de http://www.scielo.org.co/pdf/pege/n32/n32a07.pdf

Alonso, M. (2016). Factores economicos en la empresa. *Revista Gestión*, 2.

Álvarez, R. (2016). 10 Novedades en la norma ISO 9001:2015. *Éxito Empresarial.* (3) Recuperado de: http://www.cegesti.org/exitoempresarial/publicaciones/publicacion_305_200616_es.pdf.

Asociación de Industriales Textiles del Ecuador. (30 de Marzo de 2016). *Boletín Mensual* . Recuperado de AITE: http://www.aite.com.ec/industria-textil.html

Asociación española para la calidad. (2016). *Asociación española para la calidad (AEC).* Recuperado de Indicadores: http://www.aec.es/web/guest/centro-conocimiento/indicadores

Banco Central del Ecuador. (2010). *Diagnóstico del Sector Textil y de la Confección.* Quito -Ecuador.

Bernal, C. (2010). *Metodología de la investigación: administración, economía, humanidades y ciencias sociales.* Colombia: Pearson.

Bojórquez, J., López, L., Hernández, M. y Jiménez, E. (2013). Utilización del alfa de cronbach para validar la confiabilidad de un instrumento de medición de satisfacción del estudiante en el uso de software minitab. *Eleventh Latin American and Caribbean conference for engineering and technoloy* (págs. 23-29). Cancúm,México: LACCEI.

Bonilla, E. (2015). La gestión de la calidad y su relación con los costos de desechos y desperdicios en las mypes de la confección textil. *Universidad de Lima: Portal de revistas Ulima, 33*, 1-14.

Bureau V. (2015). *LEAD transition with confidence*. Recuperado de ISO 9001: 2015 ¿Cúales son los principales cambios?: http://www.isorevisions.com/es/category/comprender/iso-9001-2015-cuales-son-los-principales-cambios/

Cagnazzo, L., Taticchi, P. & Fuiano, F. (2010). Benefits, barriers and pitfalls coming from the ISO 9000 implementation: The impact on business performances. *WSEAS Transactions on Business and Economics*, 311–321.

Camejo, J. (28 de noviembre de 2012). *Gestiopolis.* Recuperado de Administración: http://www.gestiopolis.com/indicadores-de-gestion-que-son-y-por-que-usarlos/

Carmona, M., Suárez, E., Calvo, A. y Periáñez, R. (2015). Quality management systems: A study in companies of southern Spain and northern Morocco. *Revista Dialnet: European Research on Management and Business Economics*, 8-16.

Carro, R. y González, D. (2012). *Estrategia de producción/operaciones en un entorno global.* Argentina: Universidad Nacional de Mar del Plata.

Carvajal, L. (18 de enero de 2013). *Lizandro Carvajal.* Recuperado de El método deductivo de investigación: lizandrocarvajal.com

Casco, D., Ramírez, P., Cruz, E., Flores, J. y López, G. (2016). Auditoría al procedimiento de control de documentos aplicado al área de calidad bajo los lineamientos de la norma Iso 19011: 2011. *Instituto Politécnico Nacional*, 1-132.

Chase, R. & Jacobs, F. (2014). *Administración de operaciones. Producción y cadena de suministros.* México,D. C. McGraw- Hill Education.

CreceNegocios. (30 de octubre de 2015). *CreceNegocios.* Recuperado de http://www.crecenegocios.com/que-es-el-servicio-al-cliente-y-cual-es-su-importancia/

Cuatrecasas, L. (2012). *Organización de la producción y dirección de operaciones: Sistemas actuales de gestión eficiente y competitiva.* Madrid: Díaz de Santos.

Definista. (5 de marzo de 2015). *Conceptodedefinicion.de.* Recuperado de Definición de eficacia: http://conceptodefinicion.de/eficacia/

Díaz, F. (2012). Diseño de integración de los Sistemas de Gestión de Seguridad Física y Calidad al Sistema de Gestión de Seguridad y Salud: Modelo Ecuador, con enfoque a una Cadena de Supermercados. Universidad San Francisco de Quito.

Dirección de Inteligencia Comercial e Inversiones - Dirección de Promociones de Exportaciones. (Diciembre de 2012). Análisis sectorial de textiles y confecciones. Quito, Pichincha, Ecuador.

Ditty, S. (2015). *Europa.eu.* Recuperado de Europa en el mundo: la industria de confecciones, manufactura textil y la moda: https://europa.eu/eyd2015/es/fashion-revolution/posts/europe-world-garment-textiles-and-fashion-industry

Eco-finanzas. (11 de noviembre de 2016). *Eco-finanzas.com.* Recuperado de Eficiencia: eco-finanzas.com

Escuela Europea de Excelencia. (2015). *Nuevas Normas ISO.* Recuperado de Adaptación a la nueva norma ISO 9001:2015: http://www.nueva-iso-9001-2015.com/

European Commission. (2016). Textiles and clothing in the EU. *Growth: Internal Market, Industriy, Entrepreneurship and SMEs*, Recuperado de: http://ec.europa.eu/growth/sectors/fashion/textiles-clothing/eu/index_en.htm.

Evans, J. & Lindsay, W. (2014). *Administración y control de la calidad.* México: Cengage Learning.

Fernández, L. (2015). Filosofía empresarial y del marketing orientada en el valor del cliente. *Revista Horizontes empresariales, 4*(1), 17-30.

Fernández, R. (2010). *La mejora de la productividad en la pequeña y mediana empresa.* España: Club Universitario-ECU.

Filter, A. (2015). Análisis de los beneficios y barreras a la implementación de los sistemas de gestión de la calidad en empresas andaluzas. *Universidad de Sevilla, Departamento de Administración de empresas y Comercialización e Investigación de Mercados*, 1-49.

Forero, C. (2014). El sistema de gestión de calidad como herramienta fundamental para lograr competitividad. *Universidad Militar Nueva Granada*, 1-11.

Fraiz, J., Àlvarez, J. y De la Cruz, M. (2012). Motivaciones para implementar un sistema de gestión de la calidad: Análisis empírico en el sector turístico español. *Revista de Cultura y turismo*, 40-68.

Franklin, E. (2013). *Auditoría administrativa. Evaluación y diagnóstio empresarial.* México: Pearson Educación.

Fundación Telefónica. (2011). *La sociedad de la informacion en España 2010.* Barcelona: Ariel S.A.

Galván, H., Moctezuma, J., Dolci, G. y López, D. (2012). De la idea al concepto en la calidad en los servicios de salud. *Revista CONAMED, 17*, 172-175.

García, A. (2011). *Productividad y reducción de costos para la pequeña y mediana industria* (2da. ed.). México, D.F.: Trillas.

García, J. y Sánchez, V. (11 de octubre de 2015). *Javier Garcia – Verdugo Sanchez.* Recuperado de Breve sumario de los cambios que incorpora la Norma ISO 9001:2015: https://javiergarciaverdugosanchez.wordpress.com/tag/aseguramiento-de-la-calidad/

Garriga, A., Lubin, P., Merino, J., Padilla, M., Recio, P. y Suárez, J. (2010). *Introducción al analisis de datos.* Madrid: Uned.

Gaviria, J. y Dovale, P. (2014). *Propuesta de un modelo de migración de un sistema de la calidad ISO 9001: 2008 a un sistema de gestión de la calidad basado en la estructura de alto nivel, ISO/DIS 9001: 2015.* Medellín.

GestioPolis. (21 de junio de 2013). Recuperado de Gestiopolis.com: www.gestiopolis.com/sistema-de-gestion-de-la-calidad-segun-iso-9000/

Gobierno Provincial de Tungurahua. (2010). *Agenda de Productividad y Competitividad de Tungurahua.* Ambato.

Guerra, R., Meizoso, M. y Roque, R. (2015). Normalización y aplicación de los principios de gestión de la calidad en la actividad archivística. *Revista Scielo, 14*(4), 527-535.

Guía de la calidad. (2016). *Guía de la calidad.* Recuperado de Modelo EFQM: http://www.guiadelacalidad.com/

Heredia, N. (2013). *Gerencia de compras: La nueva estrategia competitiva.* Bogota: ECOE Ediciones.

Hernández, R., Olivera, A., Garza, R. y González, C. (2015). Modelo de diagnóstico de procesos aplicado en la comercializadora de artículos ópticos. *Revista Scielo, 36*(1), 29-38.

Hernandez, S. y Palafox, G. (2012). *Administración: Teoría, proceso, áreas funcionales y estrategias para la competitividad.* México: McGraw Hill.

Hidrobo, J., Da Costa, M., Pratt, C. y Trujillo, G. (2015). Sistemas de producción en áreas con cagahua habilitada en la Sierra Norte de Ecuador. *Revista Siembra, 2*, 116-127.

Iborra, M., Dasí, Á., Dolz, C. y Ferrer, C. (2014). *Fundamentos de dirección de empresas: Conceptos y habilidades directivas.* Madrid: Paraninfo.

Infante, F. (2016). La importancia de los factores productivos y su impacto en las organizaciones agrícolas de león Guanajuato México. *Revista Social Science Open Access Repository,16*(2), 359-678.

Instituto Nacional de Estadística y Geografía. (8 de noviembre de 2016). *Instituto Nacional de Estadistica y Geografía.* Recuperado de INEGI: http://www.inegi.org.mx/default.aspx

ISO 9001. (2015). Requisitos para los Sistemas de Gestión de la Calidad. *Interpretación libre ISO/DIs 9001:2015*, 33.

Koontz, H., Weihrich, H. & Cannice, M. (2012). *Administración: Una perspectiva global y empresarial.* México: McGraw-Hill/ Interamericana Editores S.A.

Krajewski, L., Ritzman, L. y Malhotra, M. (2013). *Administración de operaciones: Procesos y cadena de suministros.* México: Pearson.

Lacalle, G. (2013). *Gestión logística y comercial.* Madrid: Editex, S. A. .

Lacalle, G. (2014). *Operaciones administrativas de compraventa.* Madrid: Editex, S. A.

Laverde, W. y Bernal, O. (2014). Análisis de calidad en las pequeñas y medianas empresas de Bogotá D.C., Colombia. *Revista de investigación de Ingeniería ONTARE, 2*(1), 57-84.

López, M. y Ortega, A. (2016). Medición de tiempos y movimientos de una empresa para mejorar sus procesos de calidad. *Revista de divulgación científica: Jóvenes een la ciencia, 1*(2), 26-30.

Lozano, C. (12 de septiembre de 2011). *Los Tres Niveles De Satisfacción Del Cliente 1.* Recuperado de [Archivo de video] : https://www.youtube.com/watch?v=e5SlvOd09Xo

Lozano, M., Martín, J. y Basto, A. (2015). Análisis comparativo de las normas ISO 9001: 2008, ISO 14001: 2004 y OHSAS 18001: 2007, para su aplicación integral en procesos de contrucción para empresas de Ingeniería Civil. *Revista Dialnet,* 95-111.

Martín, M. y Díaz, E. (2016). *Funfamentos de dirección de operaciones en empresas de servicios.* Madrid: ESIC Editorial.

Martínez, R. (15 de octubre de 2014). *SlideShare.* Recuperado de Sesión 4indicadores producción: http://es.slideshare.net/Roxanamms/sesin-4-indicadores-produccion

Mendizabal, L. (2016). Formación teórica y práctica de investigadores universitarios, Revista Análisis: Realidad Nacional. Contrapunto. (65-79).

Ministerio de Coordinación de la Producción, Empleo y Competitividad. (2011). *Agendas para la Transformacion Productiva Territorial Provincia de Tungurahua.* Ambato.

Ministerio de industrias y de la productividad. (2016). Empresas textiles de Tungurahua. Ambato, Tungurahua, Ecuador.

Observatorio económico y social de Tungurahua. (2015). El valor agregado bruto (VAB) del comercio en la provincia de Tungurahua. *revista de coyuntura 2*, 31.

Pérez, A. (14 de abril de 2013). *Gestiopolis.* Recuperado de Eficiencia, eficacia y efectividad en la calidad empresarial: http://www.gestiopolis.com/eficiencia-eficacia-y-efectividad-en-la-calidad-empresarial/

Pérez, C. (2012). Una visión para América Latina: dinamismo tecnológico e inclusión social mediante una estrategia basada en los recursos naturales. *Revista Económica, 14*, 11-54.

Pérez, Y. (2016). Tránsito de la ISO 9001: 2008 a la 2015, una necesidad del sector empresarial ecuatoriano. *Revista para la Docencia de Ciencias Económicas y Administrativas en el Ecuador,* 109-202.

Puerto, P. (2010). Globalization and entrepreneurial growth through internationalization strategies. *Revista científica Pensamiento y Gestión*(28), 247-248.

Quinteros, B. (2010). La gestión empresarial y su incidencia en la productividad del área de maquila de la empresa Walmer de la Parroquia Ambatillo de la ciudad de Ambato. *Repositorio Universidad Técnica de Ambato*, 46-50.

Robbins, S. & Couter, M. (2014). *Administración.* México: Pearson.

Rodríguez, J., Pierdant, A. y Rodríguez, E. (2011). *Estadistica para administración.* Mexico: Grupo Patria.

Rodriguez, S. (2011). *Herramientas para que logres implementar la norma ISO 9001*. Recuperado de http://www.normas9000.com/iso-9000-59.html

Ruiz, P. (2012). Indicadores de la productividad de la industria ecuatoriana - año 2008. Estudios industriales de la micro, pequeña y mediana empresa. Flacso. Quito

Salazar, B. (2016). *Ingeniería Industrial.* Recuperado de Ingeniería Industrial online: www.ingenieriaindustrialonline.com

Secretaría Nacional de Planificación y Desarrollo. (2015). *Agenda Zonal: Zona 3-Centro.* Ecuador: Senplades.

Serra, C. (2011). *ISACA*. Recuperado de Herramienta para evaluar la gestión de riesgos: http://www.isaca.org/chapters8/Montevideo/cigras/Documents/cigras2011-cserra-presentacion1%20modo%20de%20compatibilidad.pdf

Sistemas para la gestión de la información y las comunicaciones estrategicas. (2 de noviembre de 2011). Recuperado de Los indicadores de gestión como elemento de medición en las estratégias de comunicaciones y marketing: https://sisgecom.com/2011/11/02/los-indicadores-de-gestion-como-elemento-de-medicion-en-las-estrategias-de-comunicaciones-y-marketing/

Tarí, J., Molina-Azorín, J. y Heras, I. (2012). Benefits of the ISO 9001 and ISO 14001. *Journal of Industrial Engineering and Management*, 297–322.

Vilcarromero, R. (2013). *La gestión en la producción.* Recuperado de eumed.net: http://www.eumed.net/libros-gratis/2013a/1321/1321/index.htm

Villalbí, J., Ballestín, M., Casas, C. y Subirana, T. (2012). Gestión de calidad en una organización de salus pública. *Gaceta Sanit., 26*(4), 379-382.

Villaquirán, V. y Nieto, Y. (2016). Sistema de gestión de la calidad, factor importante para el desarrollo laboral del colaborador de Unisalud Palmira. *Revista Colección Académica de Ciencias Estratégicas, 3*(1), 41-60.

Zapata, A. y Sarache, W. (2013). Calidad y reponsabilidad social empresarial: Un modelo de causalidad. *Dyna, 80*(177), 31-39.

ANEXOS

Anexo 1. Planteamiento del problema.

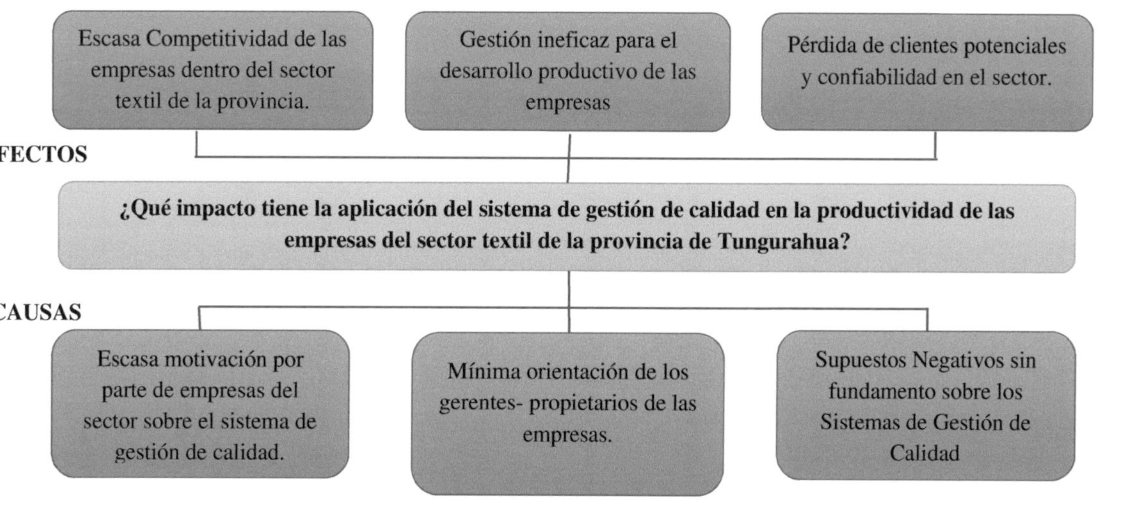

Figura 15: Árbol de problemas.
Elaborado por: Evelyn Cepeda.

Anexo 2. Encuesta
UNIVERSIDAD TÉCNICA DE AMBATO
FACULTAD CIENCIAS ADMINISTRATIVAS
ORGANIZACIÓN DE EMPRESAS

Encuesta dirigida a empresas del sector textil de la provincia de Tungurahua.

Objetivo:

Determinar la incidencia del sistema de gestión de calidad en la productividad de las empresas de la provincia.

Aclaratoria:

La siguiente encuesta busca información real y es única y exclusivamente para uso totalmente académico, sus datos no serán divulgados en forma individual, son exclusivos para análisis globales del sector textil de la provincia de Tungurahua.

Instrucciones:

- ❖ Lea determinadamente cada pregunta antes de contestar.
- ❖ Marque con una X la respuesta que usted considere correcta
- ❖ no existen respuestas buenas ni malas pero se sugiere que conteste con la verdad.

1. **¿Cuenta la empresa con un sistema de gestión de calidad?**
   a. Si o
   b. No o

2. **¿Maneja estándares de calidad dentro de su empresa?**
   a. Si o
   b. No o
   c. No sabe o
3. **¿Ha incrementado la productividad de su empresa por el uso de estándares enfocados a la calidad?**
   a. Mucho o
   b. Medianamente o
   c. Poco o
   d. Nada o
4. **Qué tipo de impacto tendría trabajar en base a un sistema de gestión de calidad:**

EFECTOS	4 (Alto)	3 (Medio)	2 (Poco)	1 (Nada)
En las operaciones				
En los resultados económicos				
Sobre los trabajadores				
Sobre los clientes				
Sobre la imagen				
En la calidad de productos y servicios				

5. ¿Porque razón usted no implementaría o no implementa un sistema de gestión de calidad?

a. Retrasos o escasos procesos en las operaciones o
b. Altos costes en los resultados económicos o
c. Afectaciones sobre los trabajadores o
d. Los clientes no lo solicitan o
e. La imagen es reconocida o
f. Nuestros productos y servicios son excelentes o

6. ¿Cuál es el factor que más problema representa a la productividad dentro de su empresa?

a. Instalaciones o
b. Relación con sus compañeros o
c. políticas sobre las cuales se rigen los miembros de una organización o
d. el liderazgo dentro de la organización es ineficiente o
e. factores económicos nacionales o
f. factores demográficos o
g. factores sociales o
h. problemas personales fuera de la organización que afectan su desempeño o
i. capacitación (educación) o
j. cultura o
k. salud o

7. ¿Qué aspectos influye más en la productividad a la hora de trabajar dentro de su empresa?

a. Ambiente de trabajo o
b. Recursos de trabajo o
c. Relación con los compañeros o
d. Edad -Experiencia o
e. Estándares de trabajo o
f. Capacitaciones por parte de la empresa o

8. ¿proporciona los métodos de control adecuados a fin de lograr un desempeño máximo con un mínimo gasto de tiempo y esfuerzo?

a. Mucho o
b. Medianamente o
c. Poco o
d. Nada o

9. Indique el costo promedio de su producción y el periodo de tiempo

a. Costo promedio:_$________________________

b. Período: anual o mensual o otro o ______

10. Indique el precio promedio de su producción y el periodo de tiempo

a. Precio promedio:__$______________________

b. Período: anual o mensual o otro o ______

11. Indique el monto o cantidad de ventas de su producción y el periodo de tiempo

a. Ventas promedio:_________________________

b. Período: anual o mensual o otro o ______

12. ¿Considera que los sistemas de gestión de calidad y la productividad son importantes para la empresa?

a. Mucho o

b. Poco o

c. Nada o

13. ¿Considera que los sistemas de gestión de calidad y la productividad están relacionados dentro de la empresa?

a. Mucho o

b. Poco o

c. Nada o

Gracias por su colaboración.

Anexo 3. Productividad total. Año 2008.

CIIU3	Descripción	Total producido / Total insumos
34	Fabric. veh. automotores, remolques.	1,2
31	Fabric. maq. y aparatos eléctricos n.c.p.	1,4
27	Fabricación de metales comunes.	1,6
32	Fabric. eq. y aparatos de radio, tv.	1,7
29	Fabricación de maquinaria y equipo n.c.p.	1,8
21	Fabric. papel y de productos de papel.	1,8
28	Fabric. prod. elab. de metal, excepto maq.	1,8
16	Elaboración de productos de tabaco.	1,9
33	Fabric. instrumentos médicos, ópticos.	2,0
15	Elaboración de productos alimenticios.	2,0
19	Curtido/adobo de cueros; fabric. maletas	2,0
TOTAL MANUFACTURA		**2,0**
24	Fabric. de subst. y productos químicos.	2,0
17	**Fabricación de productos textiles**	**2,0**
36	Fabric. muebles; industrias manufac. n.c.p.	2,1
25	Fabric. prod. de caucho y de plástico.	2,3
18	Fabric. prendas vestir; adobo/teñido pieles.	2,6
35	Fabric. otros tipos de eq. de transp.	2,8
15 A	Elaboración de bebidas.	3,0

Fuente: INEC – Encuesta de Manufactura y Minería.
Elaborado por: Ruiz (2012).

yes

I want morebooks!

Buy your books fast and straightforward online - at one of world's fastest growing online book stores! Environmentally sound due to Print-on-Demand technologies.

Buy your books online at
www.morebooks.shop

¡Compre sus libros rápido y directo en internet, en una de las librerías en línea con mayor crecimiento en el mundo! Producción que protege el medio ambiente a través de las tecnologías de impresión bajo demanda.

Compre sus libros online en
www.morebooks.shop

KS OmniScriptum Publishing
Brivibas gatve 197
LV-1039 Riga, Latvia
Telefax: +371 686 204 55

info@omniscriptum.com
www.omniscriptum.com

MIX
Papier aus verantwortungsvollen Quellen
Paper from responsible sources
FSC® C105338

Printed by Books on Demand GmbH, Norderstedt / Germany